피에르 에르메의
프랑스 디저트 레시피

PIERRE HERMÉ   SOLEDAD BRAVi

Pierre Hermé et Moi

피에르 에르메의
프랑스 디저트 레시피

피에르 에르메 · 솔르다드 브라비 지음
강현정 옮김

이숲

À Valerie, mon amoureuse, ma merveille.

내 사랑 발레리에게
– 피에르 에르메

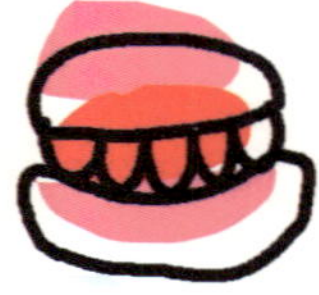

차례

이 책이 나오기까지 ·· 6
베이킹 요령과 팁 ··· 10

쉬운 레시피 모음

쇼트 크러스트 페이스트리 ·· 16
플랑 ·· 18
루바브 타르트 ··· 20
슈거 페이스트리 ·· 22

사과

텐 아워 애플 ·· 24
프레시 애플 샐러드 ·· 26
폼, 폼, 폼 ·· 28
애플 타르트 ·· 30

레몬

레몬 타르트 ·· 32
레몬 마멀레이드 ·· 34
레몬 치즈케이크 ·· 36

바닐라

바닐라 라이스푸딩 ·· 38
홍차 대추 콤포트 ·· 40
크렘 캬라멜 ·· 42

파운드케이크

바닐라 파운드케이크 ·· 44
이스파한 파운드케이크 ·· 46

초콜릿

초콜릿 무스 ·· 48
초콜릿 케이크 ··· 50
초콜릿 타르트 ··· 52

과일

캐러멜 파인애플 ·· 54
딸기 민트 샐러드 ·· 56
프루츠 믹스 샐러드 ·· 58

스페셜 디저트

머랭 ·· 60
몽블랑 ··· 62
슈 페이스트리 ··· 66
크렘 앙글레즈 ··· 68
사블레 디아망 ··· 72
트위스트 파이 ··· 74

케이크

배 샤를로트 ·· 76
바바 오 럼 ·· 82
샹티이 크림 ·· 86
그라놀라 ··· 88
생일 케이크 ·· 90

고난도의 베이킹 레시피 도전

몬테벨로 ··· 96
캐러멜 마카롱 ··· 104
올리브오일 마카롱 ·· 108
이스파한 ··· 114
도전! ··· 120
후다닥 만든 디저트 / 제대로 잘 만든 디저트 ··········· 122

감사의 글 ·· 127
찾아보기 | Index ··· 128

이 책이 나오기까지

분명히 말씀드리지만, 제가 뭐 전문 파티시에가 되려고 했던 건 아니에요.
그저 제가 좋아하는 케이크를 조금이라도 제대로 만들어보고 싶었습니다. 그렇게 마음먹은 김에,
이왕이면 최고의 셰프에게 기술과 비법을 전수받고, 또 직접 만드는 걸 보면서 배우면 좋겠다고 생각했죠.
또 아나요? 그러다 보면 제 실력이 좀 향상될지도 모르죠…

그래서 전 피에르 에르메 셰프를 선택했습니다. 그런 선택을 한 가장 중요한 이유는 제가 그분의 디저트에
완전히 빠져 있었기 때문이죠. 리치, 라즈베리, 장미, 올리브오일, 바닐라 같은 재료를 가지고 맛의 놀라운 조합을
만들어내는 에르메 셰프의 디저트가 제 입맛에는 정말 환상적이었답니다.
하지만 더 큰 이유는 이처럼 멋진 케이크와 최고의 디저트를 화려한 레스토랑이 아니라
분위기가 친근한 주방이라는 공간에서 맛볼 수 있다는 아이디어가 무척 마음에 들었기 때문이었습니다.
에르메 셰프는 케이크를 만들 때 무엇보다도 '맛있어야 한다'는 원칙을 가장 중요시하는 분이죠.

저는 주방의 작은 생쥐처럼 잘 듣고, 잘 관찰하고, 잘 받아 적고, 또 그림도 그렸답니다.
이 소중한 경험을 여러분과 함께 나누고자, 제가 꼼꼼히 기록한 피에르 에르메 레시피의 실습 노트를
이렇게 책으로 엮게 됐어요.

먼저, 제가 셰프와 어떻게 만나게 되었는지 말씀드릴까요?
저희 출판사에서 발간하는 만화책에 넣기 위해 제가 잡지를 찾아보다가 피에르 에르메 셰프의 디저트 레시피를 하나 골라
일러스트레이션으로 그렸던 적이 있어요. 바로 천상의 맛, 초콜릿 케이크 레시피였죠.
저희 책에 실어도 좋을지 허락을 받으려고 보나파르트 가에 있는 셰프의 베이커리 숍에 그 그림을 가져다 드렸죠.
그런데 얼마 되지 않아 에르메 셰프가 그 그림이 정말 마음에 든다고 전화를 하신 거예요. 아주 재미있다고 하시면서,
크리스마스 카드에도 그 그림을 쓰고 싶다고 하셨죠.

전 셰프의 케이크를 좋아하고,
셰프는 제 유머 감각을 좋아하고,
그래서 우리는 함께 이 작업을 시작했답니다.

제가 피에르 에르메 셰프와 책을 만들게 됐어요. 네, 알아요. 셰프가 억세게 운이 좋다는걸.

이 분은 셰프 파티시에 카미유.
제가 보는 앞에서 모든 작업을 직접 시연합니다.
이건 저예요.
– 레시피
– 만드는 법
– 특별한 노하우나 비법 등
전부 받아 적지요. 주방의 생쥐처럼…

이 분이 피에르 에르메 셰프예요.
제게 맛, 풍미, 텍스처, 향뿐 아니라 만드는 방법도 자세히 설명해줄 거예요.

제가 이것저것 꼬치꼬치 캐물어도 셰프는 천사처럼
참을성 있게 하나하나 꼼꼼하게 대답해준답니다.

좀 천천히
말해주요…
저 속기사
아니거든요.

그렇게 하루 일을 끝내고 집에 돌아오면, 전 그날
필기한 내용을 다시 정리하고 조리 과정을 하나하나
그림으로 그립니다.

주말에는 제가 정리한 레시피로 과연 정말 쉽게
만들 수 있는지 직접 시험해봅니다.
온 가족을 불러서 테이스팅을 하지요. 오늘은
텐 아워 애플(Ten Hour Apple), 소보로(streuzel),
크렘 캬라멜(crème caramel)을 만들어봤어요.

베이킹 요령과 팁

여기 제시한 비법들은 그냥 읽지만 마시고, 꼭 실제로 해보시기 바랍니다.

시작하기 전에

- 우선 레시피를 꼼꼼히 읽어둡니다. 그렇게 전체적으로 내용을 파악해 놓으면, 때로 전날 준비해둬야 하는 것들도 놓치지 않고 미리 챙길 수 있어요.

- 에이프런을 두르고,

- 손을 깨끗이 씻으세요.

- 오븐을 예열합니다. 주의! 오븐이 제품마다 조금씩 다르게 때문에 조리 시간이 차이가 날 수 있습니다. 조리가 진행되는 상태를 규칙적으로 점검해주세요.

- 필요한 모든 재료를 계량해서 작은 볼에 준비합니다. 그러면 한눈에 볼 수 있게, 깔끔하고 정확하게 밑준비작업이 완료되겠죠?

- 레시피를 보면 대부분 **계란과 버터는 상온 상태에서 준비**하는 경우가 많아요. 그래야 재료가 더 잘 섞이거든요.

- 필요한 조리도구를 쉽게 사용할 수 있도록 손이 닿는 가까운 곳에 준비해두세요.

- 작업대 위에는 아무것도(!!) 두지 마세요.

조리할 때

- 조리도구와 용기는 사용하고 나면 그때그때 씻어놓는 게 좋아요. 그래야 주방에서 번거롭지 않게 움직일 수도 있고, 조리가 끝났을 때 끈적끈적한 설거지거리가 개수대에 가득 쌓이지 않겠죠?

- 조리기구도 항상 깨끗하게 유지하세요.

- 재료를 섞을 때 에르메 셰프는 주로 실리콘 주걱을 사용하지만, 불 위에서 조리할 때에는 나무 주걱을 사용합니다.

- 재료를 섞을 때 항상 중앙에서부터 시작해서 동작의 반경을 가장자리 쪽으로 점점 넓혀가면서 크게 섞어줍니다.

- 믹서로 재료를 섞다가 중간에 다른 재료를 추가할 때는 기계 작동을 일단 멈춥니다.

- 밀가루와 슈거파우더는 항상 체에 쳐서 사용합니다. 이렇게 해야 뭉쳐 있는 작은 알갱이들을 곱게 풀어 입자 사이에 공기가 드나들게 할 수 있어요. 또 혹시라도 식료품 찬장에 오랫동안(6개월 이상) 보관한 밀가루에는 벌레가 생길 수 있거든요.

- 셰프는 반죽 속에 있는 버터가 녹지 않고 살짝 굳도록 냉장고에 보관했다가 사용합니다. 그래야 작업대에서 반죽을 밀거나 할 때 바닥에 붙지 않아요.

- 셰프는 저지방 우유나 탈지 우유가 아니라 일반 우유를 사용합니다. 그래야 결과물의 맛이 더 좋답니다.

- 셰프는 페이스트리 크림을 만들 때 양을 넉넉하게 준비합니다. 그래야 재료를 섞을 때 균일한 상태를 유지하는 데 문제가 없죠.

- 오븐팬에는 항상 유산지를 깔고 사용합니다.

- 베이킹에 쓰는 몰드와 틀에는 버터를 바르고 밀가루를 뿌려 사용합니다.

완성할 때

- 케이크를 오븐에서 꺼낸 뒤 5분 후에 틀에서 꺼내고, 식힘망 위에 놓습니다. 이렇게 해야 케이크가 축축해지는 걸 막을 수 있어요.

- 케이크는 오븐에서 혹은 냉장고에서 꺼내자마자 곧바로 먹지 않고, 상온에 두었다가 먹습니다.

- 셰프는 작은 스푼으로 디저트를 먹지 않고, 제대로 된 포크를 사용하더군요.

- 몇몇 레시피에서는 버터와 소금을 각각 따로 넣지 않고 아예 가염 버터를 사용합니다. 버터 안에 염분이 이미 골고루 잘 섞여 있기 때문이죠.

- 바닐라빈을 반만 사용하고 남았으면, 나머지 반은 랩으로 잘 싸서 냉장 보관합니다.

- 버터크림은 냉장에서는 일주일, 냉동에서는 한 달 정도 보관 가능합니다. 페이스트리 크림은 냉장에서 3일 정도 보관할 수 있지만, 냉동 보관하기는 어렵습니다. 크림의 텍스처를 잃게 되니까요.

- 계란 흰자의 경우, 예를 들어 머랭을 만들 때는 냉장고에 4일간 보관할 수 있어요. 하지만 일반적인 레시피에서는 신선한 흰자를 써야 합니다.

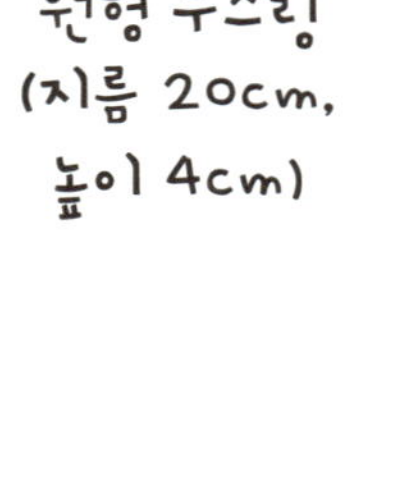

20cm 사각용기
(높이 4cm)

체

계량저울

실리콘 주걱

밑이 둥근 믹싱볼

거품기

핸드믹서

세라믹 칼

강판

짤주머니와 원형깍지 10호, 12호, 15호, 별모양 깍지

원형 무스링
(지름 21cm,
높이 2cm) 혹은
바닥이 분리되는
스프링폼 케이크 틀

원형 무스링
(지름 20cm,
높이 4cm)

직사각형 케이크 틀
(25cm × 높이 8cm)

전자레인지
사용 가능한 랩

쿠킹용 페이퍼 시트,
유산지

조리용 온도계
(섭씨 180도까지
측정가능)

베이킹용 밀대

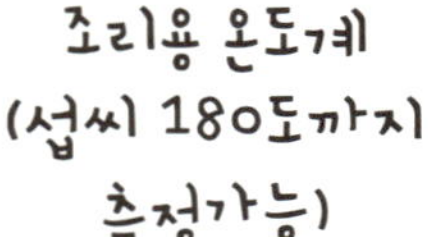

자동 믹서용
혼합기 핀

거품기 핀

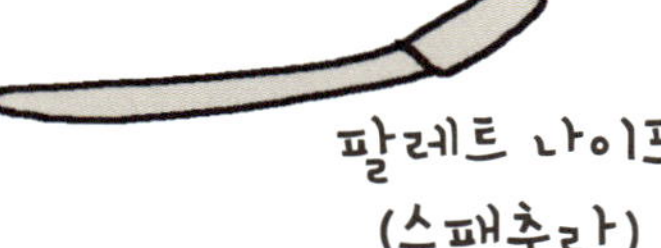

팔레트 나이프
(스패출라)

자동 믹서

베이킹을 제대로 하려면 참을성이 있어야 해요.
하지만 전 케이크를 만들다가 스트레스를 받으면,
그냥 페이스트리 매장에 가서 사요.

13

쉬운 레시피 모음

이 책의 모든 레시피는 8인분 기준입니다.

쇼트 크러스트 페이스트리 *Pâte brisée*

하루 전에 준비합니다.

준비할 재료

     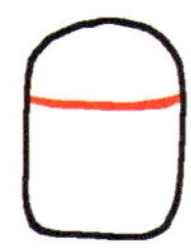

버터	설탕	게랑드 소금*	계란 노른자	우유	밀가루
180g	5g	5g	1개분	50g	250g

*sel de Guérande : 프랑스의 게랑드에서 생산되는 최고급 소금.

손으로 반죽할 경우, 밀가루와 깍둑썰기로 잘라놓은 버터를 작업대에 놓고 반죽이
모래알 같은 입자가 될 때까지 손바닥으로 비벼 문지릅니다. 그런 다음,
나머지 재료들을 넣고 손바닥으로 눌러가면서 재료가 균일하게 섞일 때까지 반죽합니다.
자동 믹서를 사용할 때에는 믹싱볼에 버터, 설탕, 소금을 넣고 느린 속도로 섞어줍니다.

다른 볼에 계란 노른자와 우유를 넣고 잘 섞은 다음, 위의 믹싱볼에 넣습니다.
계속해서 느린 속도로 섞어주어야 반죽이 부드러워져요.

반죽이 대충 섞여, 보기에 약간 '식욕이 안 당기는' 상태가 됩니다...

여기서 일단 믹서를 멈추고 밀가루를 한 번에 넣은 다음,
다시 믹서를 켜고 천천히, 잠깐만 섞어줍니다.

작업대에 랩을 펴서 깔아놓은 다음, 반죽 덩어리를 가운데 놓고 랩으로 잘 싸고,
손으로 살짝 눌러 납작하게 합니다. 이렇게 눌러 놓으면, 나중에 냉장고에서 꺼내 반죽을 밀 때 좀 수월하답니다
(반죽 속의 버터가 차갑게 굳으면, 단단해져서 반죽을 밀기 힘드니까요).

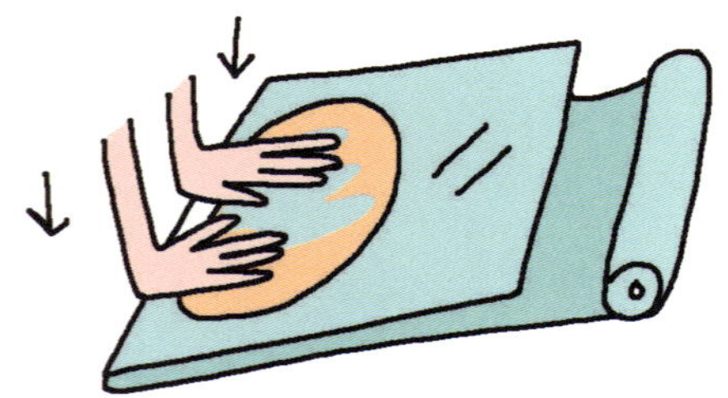

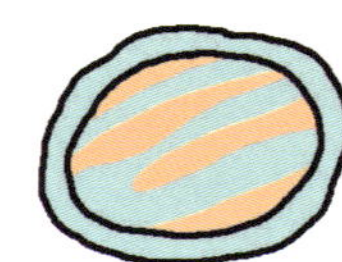

**요렇게 둥글고 넙적한 모양으로 눌러놓은 반죽을
하룻밤 냉장고에 넣어둡니다.**

반죽을 틀에
잘 올리는 방법

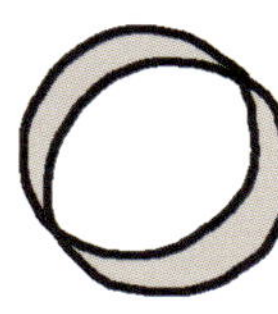

원형 무스링
(지름 20cm × 높이 4cm)

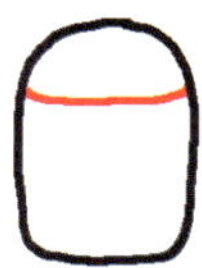

밀가루
25g

작업대 바닥에 약간의 밀가루를 골고루 뿌립니다. 그 위에 반죽을 놓고 다시 밀가루를 살짝 뿌린 뒤
반죽을 뒤집어 놓습니다. 밀대로 반죽을 밀고 또 밀가루를 뿌립니다. 그리고 다시 반죽을 뒤집어 밀기를 반복합니다.

무스링 안쪽에 버터를 바릅니다. 밀어놓은 반죽 위에 틀을 올려놓고, 약간의 여유를 둔 크기로 잘라
지저분한 가장자리를 깔끔하게 정리합니다.

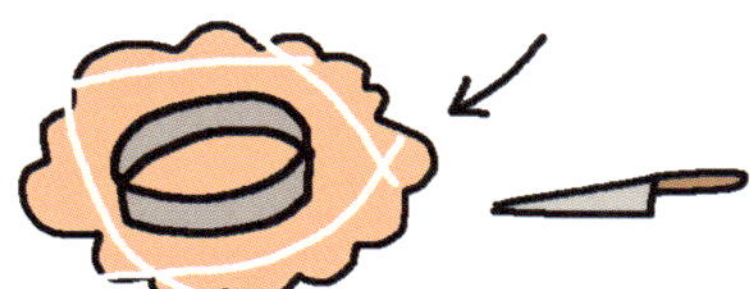

가장자리를 다듬은 반죽을 다시 냉장고에 **30분간** 넣어, 버터가 굳도록 합니다.

무스링에 반죽을 올립니다(틀이 높아서 반죽을 올리기가 쉽지 않아요). 우선 반죽을 안에 넣고 엄지손가락으로
눌러 밉니다. 가장자리에 남는 부분은 바깥쪽을 향해 살짝살짝 눌러 접습니다.

반죽이 꺼져 흘러내리지 않도록 다시 **2시간**에서 **하룻밤** 정도 냉장고에 넣어둡니다.

17

플랑 Flan

준비할 재료

물
370g

우유
370g

설탕
210g

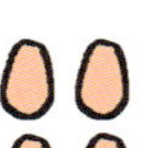

계란
4개

커스터드
크림 분말
(Ancel)
60g

전날 반죽해서 무스링(20cm x 4cm)에 올려
냉장 보관해놓은 쇼트 크러스트 페이스트리
한 장이 필요해요.(P.16)

피에르 에르메의 플러스 팁

플랑의 두께가 중요해요. 도톰해야 텍스처도 부드럽고,
입 안에서 느끼는 풍미가 한층 더 살아난답니다.

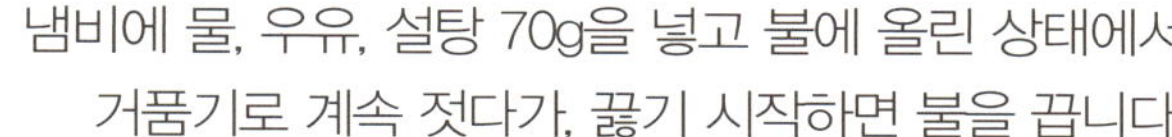

냄비에 물, 우유, 설탕 70g을 넣고 불에 올린 상태에서
거품기로 계속 젓다가, 끓기 시작하면 불을 끕니다.

볼에 계란과 나머지 설탕(140g)을 넣고 거품기로 저어서 섞습니다.
커스터드 크림 분말을 넣고 계속 젓습니다.

냄비에 끓인 혼합액의 반을 볼에 붓고 거품기로 잘 저어 섞습니다.
너무 높은 온도에 계란이 익어버리지 않도록 우선 반만 먼저 부어 잘 섞은 다음,
나머지 반을 넣고 섞어 냄비에 전부 옮겨 붓습니다.
불을 켜고 계속 젓다가 끓기 시작하면 불을 줄이고,
바닥에 눌어붙지 않도록 조심하면서 5분간 더 끓여 익힙니다.
플랑이 잘 세팅되려면 이 **5분의 가열시간**이 꼭 필요하답니다.

플랑 혼합액을 볼에 덜고, 랩으로 표면에 밀착되게 덮어
공기와의 접촉을 차단한 뒤, 냉장고에 **3시간 동안** 보관합니다.
크러스트에 부을 혼합액이 차가워야 플랑의 모양이 잘 잡힌답니다.

오븐을 170℃로 예열합니다.

냉장고에서 꺼내 차가운 플랑 혼합액을 다시 한 번 매끈하게 잘 섞은 다음,
쇼트 크러스트 페이스트리 틀에 붓습니다. 표면을 스패출라로 매끈하게 정리한 다음,
틀의 가장자리도 깨끗하게 닦아줍니다. 예열한 오븐에 넣어 **한 시간 동안** 굽습니다.

플랑이 완성되면 냉장고에 **2시간 이상** 넣어뒀다가 서빙합니다.

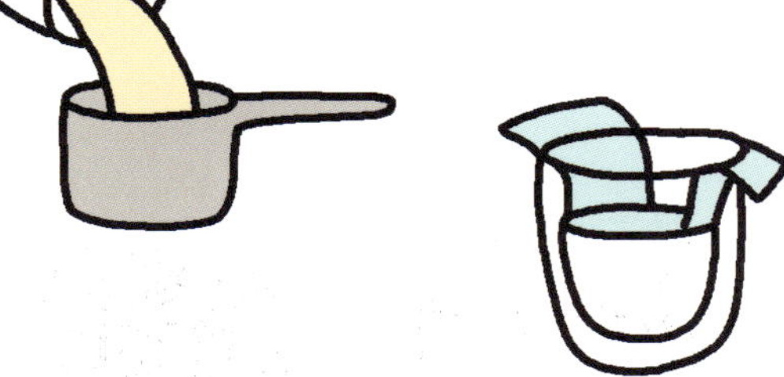

루바브 타르트 Tarte à la rhubarbe

하루 전에 준비를 시작합니다.

전날 준비

쇼트 크러스트 페이스트리(p.16)를 원형 무스링(21cm x 2cm)에 올려 준비합니다.
그리고 루바브를 설탕에 절여 신맛을 제거합니다.

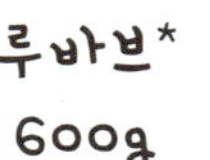

루바브*
600g

설탕
60g

*루바브는 '대황'이라고도 하며 붉은 줄기를 파이나 디저트의 재료로 사용합니다.

루바브는 양쪽 끝을 다듬어 자르고, 껍질을 벗겨 질긴 섬유질을 제거한 다음, 2cm 크기로 썰어서 용기에 담고,
설탕을 넣어 잘 섞습니다. 랩으로 싸서 냉장고에 **하룻밤** 보관합니다.

좀 넉넉히 준비해두면, 나중에 콤포트를 만들어 아침식사 때나 간식으로 유용하게 쓸 수 있어요.

당일 준비

| 버터 25g | 계란 2개 | 설탕 85g | 우유 50g | 휘핑크림 50g | 아몬드가루 30g | 바닐라빈 가루 한 꼬집 | 살구잼 3 큰술 | 딸기 250g | 슈거 파우더 20g |

오븐을 170℃로 예열합니다.

틀에 올린 페이스트리를 냉장고에서 꺼내 종이 포일을 깔고,
그 위에 초벌 베이킹용 누름돌을 가득 채운 다음,
그림과 같이 종이 포일을 접습니다.
예열된 오븐에서 **12분간** 굽습니다.

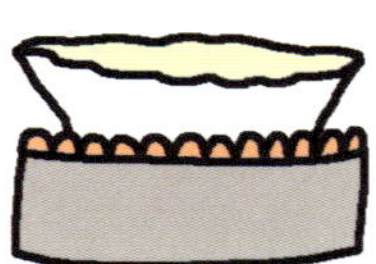

 ## 피에르 에르메의 플러스 팁

이 타르트는 페이스트리가 바삭해야 제맛이 나므로,
꼭 당일에 드셔야 합니다.

초벌 베이킹용 누름돌과 종이 포일을 꺼내고, 페이스트리만 다시 **15분간** 구워주세요.
굽는 동안 루바브를 냉장고에서 꺼내 망에 건져 물기를 제거합니다.
냄비에 버터를 넣고 중불에 올려 녹입니다. 약간 갈색으로 변하며 헤이즐넛을
연상시키는 향이 나기 시작하면 불에서 내려 식힙니다.

이 타르트는 일종의 클라푸티(프랑스 디저트로 주로 체리를 많이 사용하고,
과일에 플랑류의 크림 반죽를 섞어 굽는 파이의 일종) 만드는 방법과 비슷합니다.
거품기로 계란과 설탕을 잘 섞은 다음, 여기에 우유를 붓고, 휘핑크림, 아몬드가루,
바닐라빈을 순서대로 넣어주는데, 각 재료를 추가할 때마다 잘 섞어주어야 합니다.
다 섞고 나서 마지막으로 녹인 버터를 넣어 섞는데, 이때 버터의 갈색 침전물이
들어가지 않도록 주의해야 합니다. 모든 재료를 잘 혼합해주세요.

타르트 크러스트를 상온에서 식힌 다음, 여기에 루바브를 넣고,
혼합물을 부어줍니다.

180℃의 오븐에서 25분간 굽습니다.

타르트가 식으면, 믹서에 간 따뜻한 살구잼을 붓으로 발라줍니다.
그러면 타르트에서 반짝반짝 윤기가 날 뿐 아니라 그 위에 딸기를 얹을 때
쉽게 고정할 수 있거든요.
딸기는 씻어서 꼭지를 따고 세로로 보기 좋게 자른 다음,
뾰족한 부분이 위로 가게 세워서 타르트 윗면을 덮어줍니다.
그리고 서빙하기 전에 슈거파우더를 솔솔 뿌려주세요.

슈거 페이스트리 Pâte sucrée

하루 전에 준비합니다.

준비할 재료

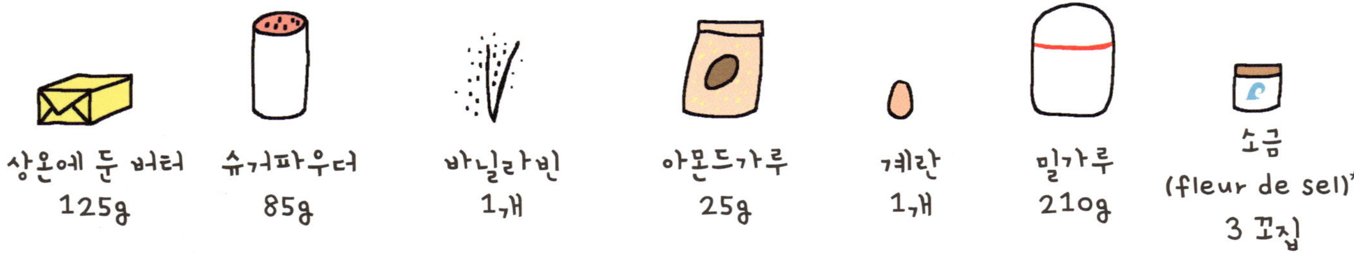

*fleur de sel: 소금꽃이라고 부른다. 염판의 함수가 햇볕을 받아 증발해 농도가 진해지면서 함수 위로 자연적으로 뜨는 소금 알갱이를 말한다. 게랑드의 소금꽃을 최상급으로 친다.

버터를 자동 믹서 믹싱볼에 넣고 부드럽게 풀어준 다음, 설탕과 바닐라빈 가루를 넣고 잘 섞습니다. 그리고 아몬드가루를 넣고 다시 잘 섞습니다(수동으로 섞을 때에는 재료를 큰 볼에 순서대로 넣고 잘 섞어주세요).
버터의 뭉친 덩어리가 없도록 잘 풀어주면서 저속으로 혼합해야 반죽에 공기가 많이 주입되는 것을 막을 수 있답니다.
골고루 혼합됐으면 계란을 넣고 다시 잘 섞습니다. 그러면 몽글몽글 기포가 생기고 텍스처가 매끈하지 않은, 좀 보기 흉한 상태가 됩니다.
이때 밀가루와 소금을 넣는데, 특히 소금은 설탕의 단맛에 균형을 잡아주는 중요한 역할을 한답니다. 여기서 주의할 점은 재료들이 그저 한데 섞일 정도로만 최소한으로 혼합해야 한다는 것이죠.

피에르 에르메의 플러스 팁

슈거 페이스트리는 입에 넣었을 때 사르르 녹아야 하기 때문에 끈기가 생기지 않도록, 섞는 과정을 최소화해야 한답니다. 슈거 페이스트리는 설탕이 더 많이 들어가고, 사블레 페이스트리는 버터가 더 많이 들어가요.

반죽 미는 요령

쇼트 크러스트 페이스트리와 마찬가지로 반죽 덩어리를 랩에 싸서 살짝 눌러 넓적하게 해놓습니다.
이렇게 해놓으면 나중에 냉장고에서 꺼내서 밀 때 훨씬 수월해요. 반죽 속의 버터가 차가워지면 단단해져서
반죽을 미는 데 힘이 드니까요.

버터가 굳도록 냉장고에 **2시간** 보관합니다. 반죽 속의 버터가 굳으면 작업대에 덜 달라붙어요.

작업대 바닥에 약간의 밀가루를 고루 뿌려주세요. 그 위에 반죽을 놓고 밀가루를 살짝 뿌린 뒤 다시 반죽을 뒤집습니다.

밀대로 반죽을 밀고 또 밀가루를 뿌립니다. 그리고 또 뒤집어서 밀기를 반복합니다.

무스링 틀 안쪽에 버터를 발라줍니다. 틀을 반죽 위에 놓고 칼로 울퉁불퉁 보기 흉한 가장자리를 잘라줍니다.

그리고 다시 냉장고에 **30분간** 휴지시키면 반죽이 틀에서 모양을 더 잘 유지할 수 있어요.

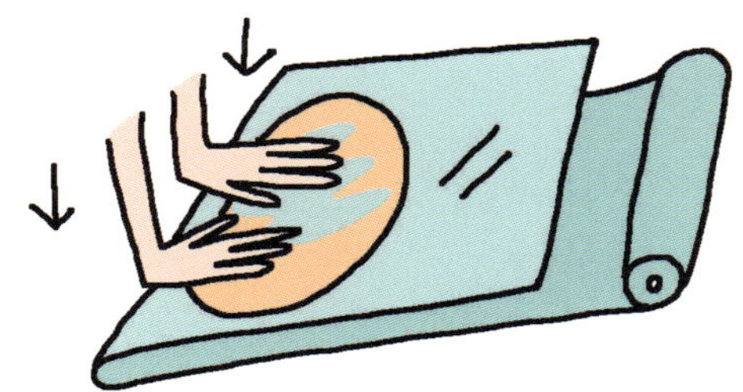

요렇게 둥글고 넓적한 모양으로 눌러놓은 반죽을
2시간 동안 냉장고에 넣어둡니다.

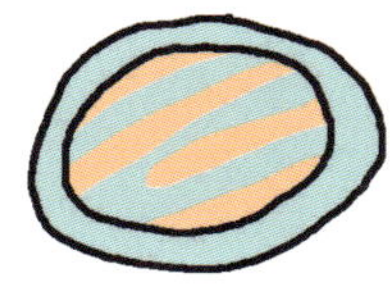

전날 미리 준비해두는 게
제일 좋아요.

오븐을 180℃로 예열해둡니다.

그동안 종이 포일을 무스링보다 약간 큰 원으로 잘라 4등분으로 두 번 접어주세요.
냉장고에서 반죽을 꺼내 틀에 올립니다. 반죽의 가장자리를 틀의 안쪽 벽면으로
잘 밀어 붙이세요. 틀 위로 나오는 부분은 밀대로 밀어 깔끔히 잘라냅니다.
반죽을 포크로 살짝 찔러 구멍을 내는데, 너무 깊이 많이 내면 안 돼요.
왜냐면 나중에 액체 혼합물을 부을 때 구멍으로 내용물이 흘러나오면 안 되니까요.
구멍 낸 반죽에 종이 포일을 펴서 중심을 잘 맞춰 깔고, 초벌 베이킹용 누름돌을 채운 뒤
오븐에 **20분간** 굽습니다. 이렇게 초벌 베이킹을 하면 크러스트 형태가 쉽게 망가지지 않는답니다.

크러스트를 오븐에서 꺼내면 가장자리는 이미 익은 상태입니다. 누름돌과 종이 포일은 꺼내서
다음에 사용하도록 잘 보관해두세요. 그리고 이번에는 크러스트만을 넣고 다시 **5분간** 굽습니다.

열은 갈색을 띤 크러스트가 완성됐네요!

텐 아워 애플 Pommes de 10 heures

만들기도 무척 쉽고, 맛도 아주 좋은 디저트! 한 번에 많이 만들어두면 언제든지 맛있게 즐길 수 있어요. 너무 달지도
않고 약간 신맛을 띠며, 입안에서 살살 녹는답니다. 아침에 일어나 사과를 오븐에 넣고 10시간 뒤 저녁 때 꺼내면 돼요.
물론 텐 아워 애플을 만들려면 온종일 집에 있는 날을 택해야겠죠. 가끔 오븐을 살펴봐야 하니까요.

피에르 에르메의 플러스 팁

될 수 있으면 단맛과 신맛이 절묘하게 균형을 이루는 콕스 오렌지(cox's orange) 사과를 고르세요.
이처럼 장시간 조리하면 사과의 질감이 달라진답니다.

준비할 재료

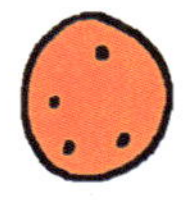

사과
(cox's orange 혹은
calville blanc)
1.5 kg

버터
30g

오렌지 껍질
1개분

설탕
60g

오븐을 90℃로 예열해둡니다.

사과의 껍질을 벗기고 반으로 잘라 씨와 속을 빼주세요.
감자 필러를 사용해도 좋아요. 사과를 2mm 두께로 아주 얇게 잘라서
그라탕용 오븐 용기에 가지런히 놓아줍니다.

피에르 에르메의 플러스 팁

이 레시피는 1919년에 발간된 『미식 헵타메론(L'Heptameron des gourmets)』이라는 책에 나옵니다.
이 책에 소개된 레시피를 보면 사과를 겹겹이 쌓아올려서 그 케이크의 높이가 오븐에 굽기 전 상태에서
40cm나 됐다고 합니다.

녹인 버터를 쿠킹용 브러시를 사용해서 사과에 골고루 바릅니다.

그레이터로 곱게 갈아놓은 오렌지 껍질을 설탕과 함께
손가락으로 골고루 섞으면 덩어리로 뭉치지도 않고,
오렌지 껍질의 에센스 오일 향이 최대한 설탕에 스며든답니다.
이것을 버터를 바른 사과에 골고루 뿌립니다.

내용물이 들어 있는 용기를 쿠킹용 필름으로 세 번 정도
둘러싸주세요. 그리고 오븐에 넣고 10시간 동안 구우면
사과는 거의 뭉근하게 조린 것처럼 익습니다.

자, 완성됐어요. 먹어볼게요.

프레시 애플 샐러드 Pomme crue assaisonnée

프레시 애플 샐러드는 텐 아워 애플과 섞어 먹어도 맛있고, 사과 파이의 필링으로 사용하거나 폼, 폼, 폼(P.28)의 재료로 사용하기에도 아주 좋답니다.

준비할 재료

사과를 껍질째 자르고 속과 씨를 제거한 뒤 깍둑썰기로 썬 다음, 레몬즙과 후추를 넣고 잘 섞습니다.

폼, 폼, 폼 Pom, Pomme, Pommes

너무나 맛있는 초간단 레시피.
익힌 사과의 부드러운 달콤함, 그래니 스미스 사과의 아삭한 새콤함과 그라니타의 시원한 얼음 알갱이가 어우러져
놀라운 맛을 선사합니다.

준비할 재료

텐 아워 애플(P. 24)　　1kg
프레시 애플 샐러드　　320g(사과 3개분 정도)
그라니타　　480g(만드는 법은 아래 참조)

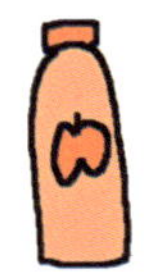
프레시 애플주스
370g
(Tropicana
혹은 Andros
100%)

물
110g

레몬즙
20g

로즈 에센스
5방울

볼에 모든 재료를 넣고 잘 섞은 다음, 20cm 바트에 부어 냉동합니다.
얼어서 굳기 시작하면(약 15~20분 후) 포크로 저으면서 섞어주세요. 이 과정을 5분 간격으로
한 시간 동안 계속합니다. 마지막까지 잘 저은 뒤, 포크로 으깨며 덩어리가 뭉친 곳이 없게 합니다.

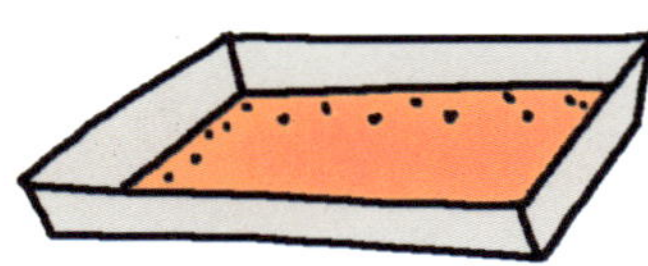

8개의 예쁜 유리잔을 준비하고, 각 유리잔에 텐 아워 애플 120g, 그라니타 60g,
프레시 애플 샐러드 40g을 차례로 넣습니다. 서빙하기 바로 전에 그린애플 셔벗(Picard 제품)을
한 스쿱 올려도 좋아요.

피에르 에르메의 플러스 팁

사과 중에서 장미 맛이 살짝 나는 종류가 있답니다. 특히 골든딜리셔스 사과가 그렇죠.
로즈 에센스를 넣으면 이 맛을 한층 더 살릴 수 있어요.

애플 타르트 Tarte aux pommes

준비할 재료

슈거 페이스트리 구운 것　　1개 (p. 22)
텐 아워 애플　　500g (p. 24)
프레시 애플 샐러드　　150g (p. 26)

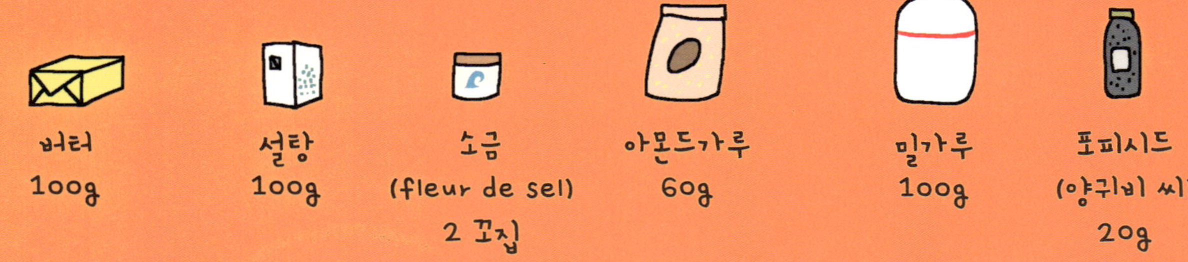

오븐을 170℃로 예열해둡니다.

우선 파이 위에 뿌릴 포피시드 슈트로이첼(streuzel :굽는 과자의 표면에 뿌리는 소보로 종류)을 만듭니다.
자동 믹서에 혼합기 핀을 끼웁니다. 물론 손으로 해도 상관없어요.

믹싱볼에 버터를 넣고 잘 으깨어 풀어준 다음, 설탕을 넣어서 섞고, 소금, 아몬드가루를
차례로 넣고 섞습니다. 실리콘 주걱을 사용하여 나뭇잎 모양의 혼합기 핀에 붙은 버터 반죽을
떼어 내주세요.

밀가루를 체에 쳐 준비합니다. 밀가루를 찬장에 너무 오래 두면 벌레도 생기고,

뭉쳐서 덩어리질 수도 있어요.
그래서 전 꼭 냉장고나 냉동실에 보관합니다.
체에 친 밀가루와 포피시드를 위의 믹싱볼에 넣고,
모든 재료를 잘 섞어줍니다(포피시드는 결은 내가 나지 않는지, 사용하기 전에 꼭 냄새를 맡아보고 확인하세요).

피에르 에르메의 플러스 팁

전 포피시드가 들어간 빵은 절대 구입하지 않아요. 왜냐면 오래되어 결은 내 나는 포피시드를
사용하는 빵집이 많거든요. 호두, 헤이즐넛, 깨 등과 마찬가지로 포피시드는 신선한 상태로
보관하기가 쉽지 않아요.

구워서 준비해놓은 파이 크러스트에 텐 아워 애플과 프레시 애플 샐러드를 섞어서 채워 넣고,
그 위에 소보로를 부숴서 뿌려줍니다. 표면을 완전히 덮을 정도로 많이 뿌리지 말고, 속이 살짝 보일 정도로 듬성듬성
뿌려주면 됩니다. 각자 취향에 따라 양을 조절해서 뿌리면 되니까, 만들어놓은 걸 굳이 다 사용할 필요는 없어요.
꽉 채우기보다는, 최상의 맛을 살리는 게 더 중요하니까요.

**이제 애플파이를 오븐에 넣고
30분간 굽습니다.**

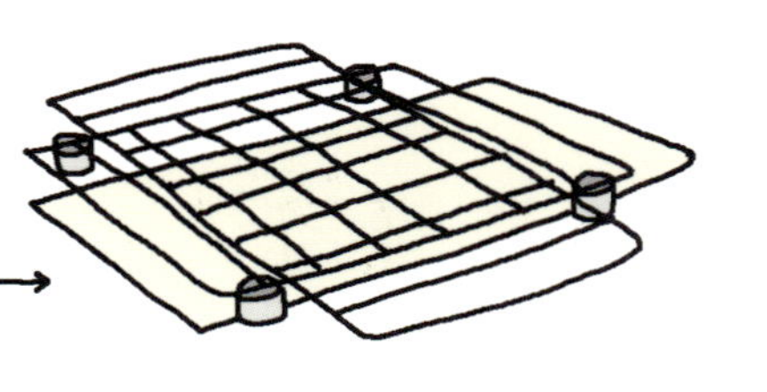

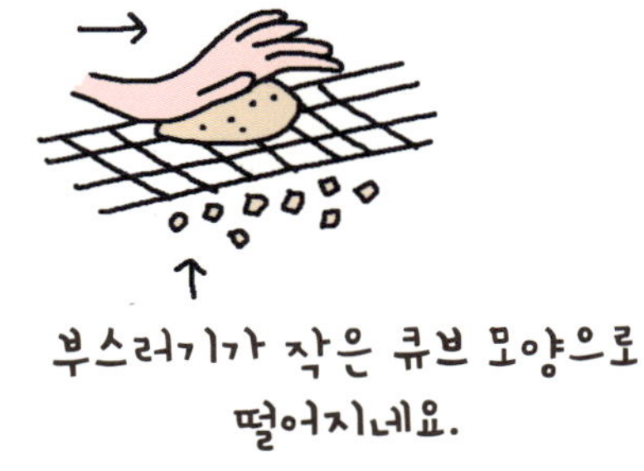

슈트로이첼 소보로 만드는 요령

오븐용 그릴 두 개를 준비하여 각기 다른 방향으로 겹쳐 놓습니다.
그리고 밑에 틀이나 받침 용기를 깔고 그 위에 그릴을 올려놓은 다음,
냉장고에서 꺼낸 슈트로이첼 반죽을 손바닥으로 누르면서 앞으로 밀어줍니다.
그러면 겹쳐진 그릴 사이로 큐브 모양의 소보로 부스러기가 만들어집니다.

피에르 에르메의 플러스 팁

**전 이 타르트에 그래니스미스 사과를 추가로 넣어요. 즙이 풍부하고 아삭한 맛이 아주 좋거든요.
소보로의 바삭함과 사과의 아삭함이 어울려서 두 배의 효과를 낸답니다.**

페이스트리 매장에서 파는 것처럼,
파이에 슈거파우더를 뿌리고, 잘게 깍둑 썬 오렌지 콩피(*과일 조림)와
그래니스미스 사과 30g을 혼합해 가운데 얹어줍니다.
마지막으로 레몬즙을 살짝 뿌려주면 완성.

레몬 타르트 Tarte au citron

준비할 재료

슈거 페이스트리   1장 (p.22)

유기농 레몬
(껍질, 레몬즙 필요)
5개

설탕
100g

계란
3개

버터
80g

오븐을 180℃로 예열해둡니다.

레몬은 뜨거운 물로 잘 씻어서 표면의 왁스를 완전히 제거합니다. 그리고 레몬 껍질을 그레이터나 강판으로 갈아줍니다.
이때 쓴맛이 강한 껍질의 안쪽 흰 부분은 피하고 노란 껍질 부분만 갈아 사용합니다. 여기에 설탕을 넣고
손가락으로 조물조물 잘 섞어줍니다. 레몬은 즙을 냅니다. 레몬 껍질과 설탕 혼합물에 계란을 넣고
거품기로 잘 섞어요. 여기에 녹인 버터를 넣고 역시 잘 섞은 뒤 레몬즙을 넣습니다.

오븐에 미리 타르트 크러스트를 넣어 준비해놓은 다음, 오븐팬만 살짝 당겨서 레몬 혼합물을 직접 부어줍니다.
그러면 번거롭게 타르트를 들고 부엌을 왔다 갔다 할 필요도 없고, 액체인 혼합물을 흘리거나
어디 묻힐 염려도 없으니까요. 크러스트 가장자리에 높이 3mm 정도의 여유만 남겨두고
혼합물을 가득 채운 뒤 오븐에서 15분간 굽습니다.
다 구워지면, 레몬 필링이 약간 부풀어 오르면서 점차 굳습니다.
오븐팬을 살짝 흔들어보아 파이 안쪽이 출렁이며 흔들리지 않으면
다 구워진 것입니다. 오븐에서 꺼내 식혀서 냉장고에 1시간 보관합니다.

너무 맛있어요.
아이~셔

33

피에르 에르메의 플러스 팁
파이가 차가울 때, 딸기를 으깨어 얹기도 하고,
그냥 곁들여 서빙하기도 합니다.

레몬 마멀레이드 *Marmelade de citron*

작은 밀폐 유리병 두 개분

토스트에 바르거나 치즈케이크(p.36)에 얹어서 먹어도 맛있답니다.

준비할 재료

레몬
500g

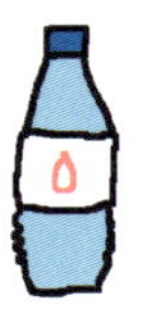

물
75g

설탕
250g

카더몬 가루
1꼬집

생강 간 것
1꼬집

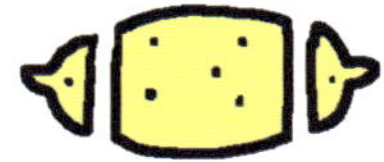

냄비에 레몬이 잠기도록 물(레시피에 표기한 물이 아니에요)을 부은 다음, 물이 끓기 시작하면 아주 약한 불로 **30분간** 끓여 레몬을 데칩니다.

다 데쳤으면 레몬을 건져내고 물은 버립니다. 레몬의 양쪽 끝을 잘라내고, 세로로 4등분해서 씨를 제거한 뒤, 분쇄기로 작은 큐브 알갱이가 될 때까지 갈아줍니다.

냄비에 설탕과 물 75g을 넣고, 온도계를 꽂은 상태로 가열합니다. 온도가 115℃가 되면 분쇄된 레몬과 카더몬 가루, 생강을 넣고 잘 저어줍니다.

약한 불로 잘 저으며 익혀서(약 15~20분 정도) 걸쭉해지면 불에서 내리고 깨끗하게 소독한(식기 세척기로 세척하고 건조시키면 좋아요) 밀폐용 잼 병에 넣습니다. 그리고 뚜껑을 닫아 단단히 밀봉한 뒤 병을 거꾸로 뒤집어 놓습니다. 그러면 설탕이 입구를 막아 공기를 차단하죠. 완전히 식으면 병을 다시 똑바로 세워 놓으세요.

마멀레이드는 상온에서 6개월 정도 보관이 가능하지만, 한 번 개봉한 뒤에는 열흘 안에 드시는 것이 좋습니다.

제발
손가락 자국 좀
안 남기고
케이크를 구울 순
없을까요?

레몬 치즈케이크 Cheesecake Infiniment Citron

하루 전에 준비합니다.

준비할 재료

케이크 크러스트에 필요한 사블레 디아망(p.72)　　120g

케이크 크러스트용 재료

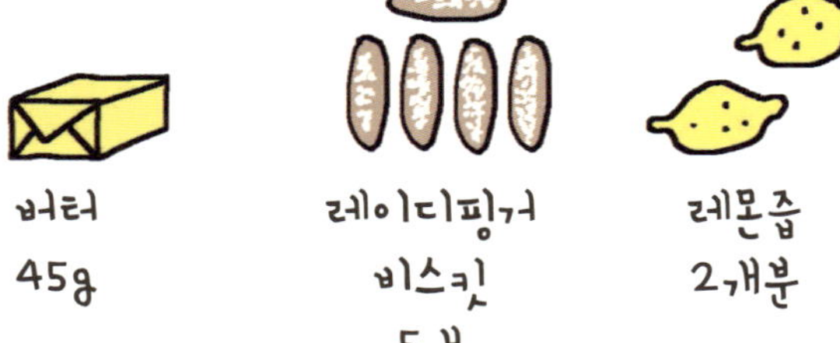

필링용 재료

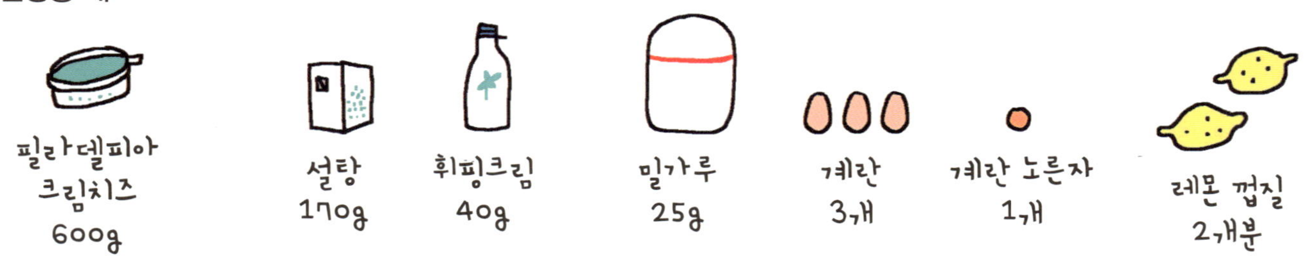

오븐을 170°C로 예열해둡니다.

사블레를 지퍼록에 넣고 포크로 눌러 부숴줍니다. 볼에 버터를 넣고 실리콘 주걱으로 잘 으깬 뒤,
부순 사블레 가루를 반만 먼저 넣고 잘 섞습니다. 잘 혼합됐으면 나머지 사블레 가루를 모두 넣고 잘 섞어주세요.
오븐팬에 유산지를 깔고 원형 무스링(지름20cm x 높이4cm)을 놓은 다음, 사블레 버터 반죽을 숟가락으로 잘 펴가며
틀 안에 깔아줍니다. 덩어리가 뭉치지 않고 균일하게 되도록 꼭꼭 눌러주세요.

이 상태로 오븐에서 **12분** 굽습니다.

레이디핑거 비스킷을 세로로 이등분하여, 레몬즙에 얼른 담갔다 빼서
망 위에 엎어 물기를 제거해줍니다.

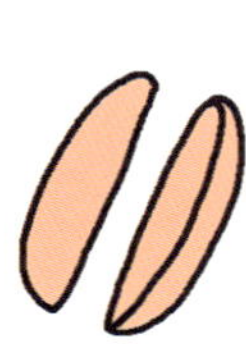

케이크 크러스트가 다 구워지면 오븐 온도를
90℃로 낮춥니다.

볼에 필라델피아 크림치즈를 넣고 실리콘 주걱으로
잘 으깬 다음, 밀가루를 넣고 잘 섞습니다.

또 다른 볼에 설탕과 레몬 껍질을 넣고 향이 잘
우러나도록 손가락으로 조물조물 섞은 다음, 크림치즈에
넣고 잘 혼합합니다. 여기에 계란과 계란 노른자를
4번에 나누어 넣어준 다음 잘 섞어주세요. 자동 믹서로
혼합할 경우에는 실리콘 주걱으로 믹싱볼 바닥을 긁어주어
골고루 잘 섞이게 합니다. 마지막으로 휘핑크림을 넣고
잘 섞습니다.

레이디핑거 비스킷을 미리 구워 놓은 케이크 크러스트
바닥에 균일하게 깔아준 다음, 크림치즈 혼합물을 붓고,
틀 가장자리로 밀어주면서 스패출라로 표면을 매끈하게
정리합니다.

오븐에서 **1시간** 굽습니다.

다 구워졌는지 확인하려면 케이크 틀을 한번 툭 쳐보면
되는데, 이때 아직 케이크의 표면이 출렁거리면
10분 정도 더 구워줍니다. 표면이 움직이긴 하지만
출렁이지 않는 상태가 되면 다 구워진 거예요.
완전히 식힌 뒤 냉장고에 하룻밤 보관합니다.

레몬 마멀레이드를 케이크에 펴 바른 다음, 칼로 틀을
따라 한 번 돌려준 후 케이크 틀을 분리합니다,
서빙하기 **한 시간 전**에 미리 냉장고에서 꺼내 놓습니다.
이 치즈케이크는 냉장고에서 2~3일 보관 가능합니다.

피에르 에르메의 플러스 팁

치즈케이크가 식은 다음 레몬 마멀레이드(p.34)를 얇게 펴 발라주면,
레몬향의 쌉쌀함과 새콤함이 서로 대조되면서 맛이 더 좋아진답니다.

바닐라 라이스푸딩 *Riz au lait vanillé*

하루 전에 준비합니다.

준비할 재료

알이 둥근 쌀
(Arborio)
125g

우유
600g

바닐라빈
2개

소금
(fleur de sel)
한 꼬집

설탕
30g

마스카르포네
치즈
400g

바닐라빈은 세로로 길게 반으로 잘라 안에 있는 가루를
칼 끝으로 긁어냅니다.

우유에 바닐라빈 껍질과 가루를 모두 넣고 데워줍니다.
끓기 시작하면 얼른 불에서 내려 랩으로 덮은 상태로 **30분** 동안
바닐라 향이 충분히 우러나도록 둡니다.

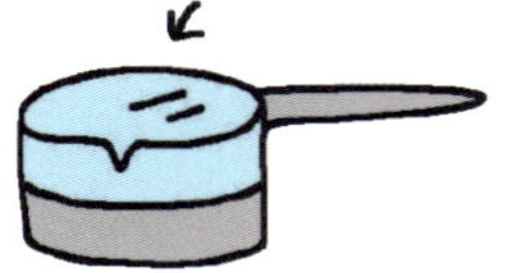

우유를 거름망에 걸러 바닐라빈을 건져냅니다.
이때 빈 껍질을 눌러가며 최대한 많은 바닐라빈 가루가 나오도록
해주세요.

다시 우유를 냄비에 옮긴 후, 쌀, 소금, 설탕을 넣어 잘 저으며
끓입니다. 끓기 시작하면 불을 줄이고, 눌어붙지 않도록 계속
저으면서 약 20분간 약한 불에 끓여줍니다. 쌀이 약간 살캉살캉한
"알 덴테(al dente)" 정도로 익으면 완성입니다.

길이 20cm 용기에 옮겨 담아 랩을 표면에
밀착시켜 덮고, 2시간 동안 식힌 다음,
냉장고에 넣고 하룻밤 보관합니다.

다음 날

마스카르포네 치즈를 볼에 넣고 잘 으깬 다음, 라이스푸딩과 혼합해주면 완성.

피에르 에르메의 플러스 팁

이 레시피에서는, 꿀, 라즈베리, 딸기, 키위, 과일조림, 혹은 레몬과 차에 조린
대추 콤포트(p.40) 등과 곁들여 먹는 것을 감안해서,
라이스푸딩을 너무 달지 않게 만들었답니다.

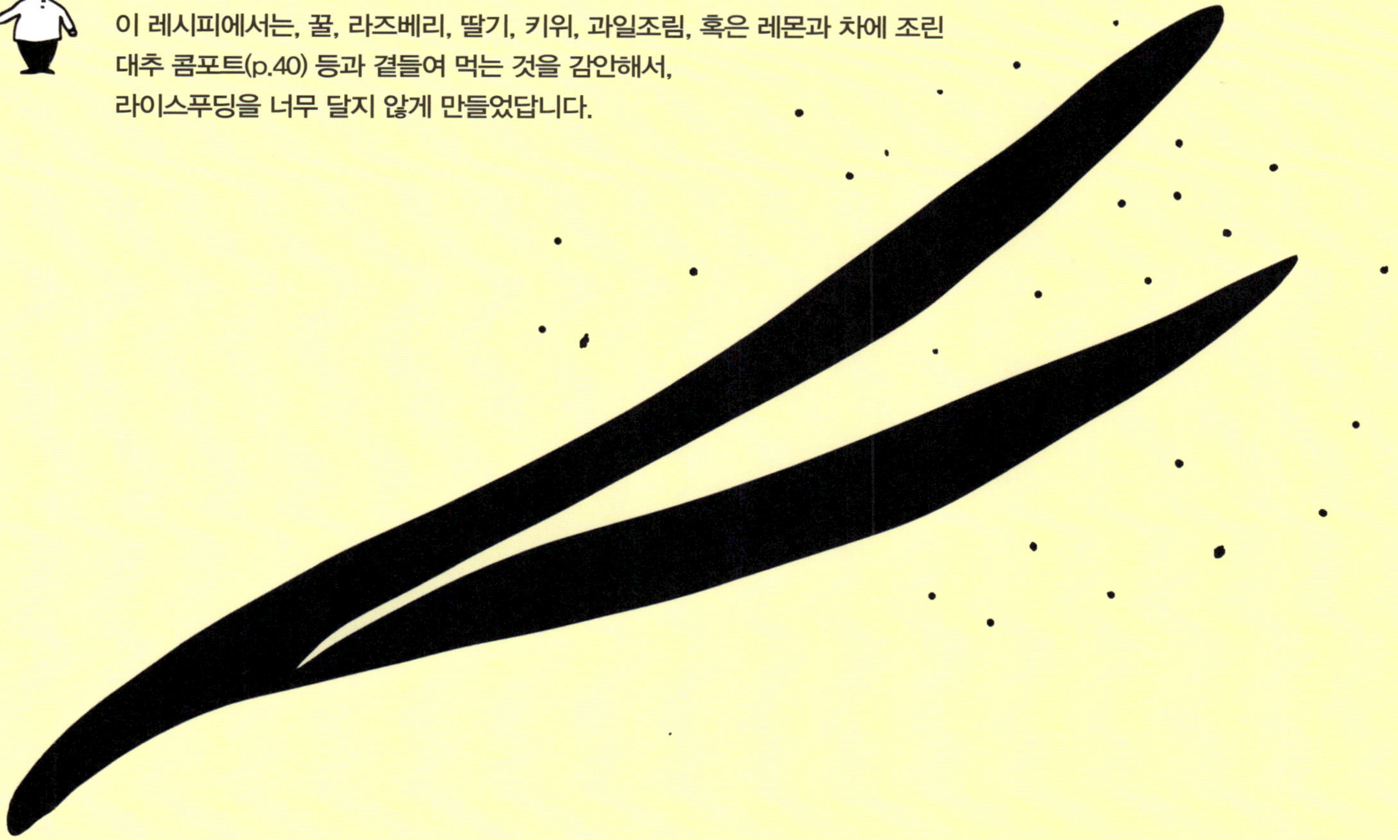

39

홍차 대추 콤포트 *Dattes au thé*

하루 전에 준비합니다.

준비할 재료

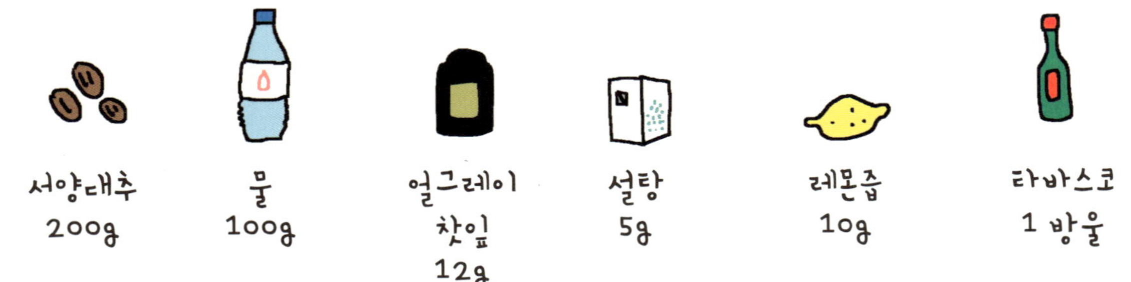

80℃로 데운 물에 얼그레이 찻잎을 넣고 **3분간**만 우려낸 뒤 거름망에 걸러줍니다.
더 오래 우리면 향이 너무 강해져서 맛이 덜해요. 거를 때는 찻잎을 꾹꾹 누르지 않도록 합니다.

냄비에 씨를 발라내지 않은 상태의 서양대추를 넣고 따뜻하게 우려낸 차를 부어 잠기게 합니다.
여기에 설탕, 레몬즙, 타바스코를 넣고, 아주 약한 불에서 **15분간** 끓입니다. 용기에 옮겨 담고 랩으로 잘 씌운 뒤
상온에 하룻밤을 두어 잘 절입니다

다음 날

대추를 건져내어 씨를 제거하고, 세로로 6~8등분으로 잘라 냉장고에 보관합니다.
라이스 푸딩이나 플레인 요구르트에 곁들여 먹으면 좋아요.

크렘 캬라멜 Crème caramel

용기 바닥용 캐러멜 재료

설탕
400g

가염 버터
20g

크렘 캬라멜 재료

우유
1리터

오렌지
껍질
1개분

바닐라빈
4개

설탕
270g

계란 노른자
6개분

계란
8개

바닐라빈을 길게 잘라 칼끝으로 가루를 긁어낸 뒤, 우유에 껍질과 가루를 모두 넣고 끓입니다.
끓기 시작하면 불을 끄고 랩으로 덮어 **30분간** 그대로 우려냅니다.

그동안 푸딩 용기 바닥을 채울 캐러멜을 준비합니다.

냄비에 설탕을 조금만 넣고 센 불에 올려 설탕이 녹기 시작하면 타지 않게 불을 약하게 줄이고,
나무 주걱으로 저으면서 설탕을 조금 더 넣어줍니다. 그렇게 계속 저으면서 조금씩 설탕을 추가하는 과정을
반복합니다. 설탕이 녹는 데 시간이 걸리므로, 끈기가 필요하답니다.

불 위에서 설탕 알갱이가 완전히 녹아 캐러멜이 거품을 내기 시작하면, 흰색 작은 점이 보입니다.
그때 냄비를 불에서 내리고 버터를 넣고 잘 저어주세요. 버터가 녹으면, 미리 준비해둔
용기(25cm x 높이 5cm) 바닥에 캐러멜을 부어 골고루 펴 깔아줍니다. 그렇게 캐러멜이
굳는 동안 크림을 준비하세요.

피에르 에르메의 플러스 팁
이 레시피에 계란이 너무 많이 들어간다고 생각하세요? 하지만 계란 반숙도 한 사람당
보통 2개 정도는 준비하잖아요. 그리고 크렘 캬라멜에 오렌지를 넣는 이유는 오렌지가
아주 은은하면서도 매력적인 맛을 더해주기 때문입니다. 하지만 오렌지는 꼭 넣지 않아도 됩니다.

오븐을 130℃로 예열해둡니다.

볼에 설탕과 오렌지 껍질을 넣고 거품기로 잘 섞어주세요.
다른 볼에 계란과 계란 노른자를 모두 넣고 거품기로
잘 섞은 것을 여기에 넣어 다시 섞은 다음, 바닐라빈을
우린 우유를 거름망으로 거르면서 천천히 붓습니다.
바닐라빈은 껍질을 눌러가며 가루를 최대한
많이 추출하도록 하세요.
그리고 이 모든 재료를 거품기로 잘 저어가면서 섞어주세요.

캐러멜을 부어 굳혀 놓은 용기를 그보다 더 큰 오븐 용기에 넣고
중탕할 준비를 합니다. 굳은 캐러멜 용기에 크림 혼합물을 붓고
오븐 안 그릴에 올려 넣어주세요.

중탕하는 동안에 내용물이 넘치지 않게 바깥 용기 높이의 중간 정도까지만 물을 붓고
2시간 동안 오븐에서 익혀주세요.

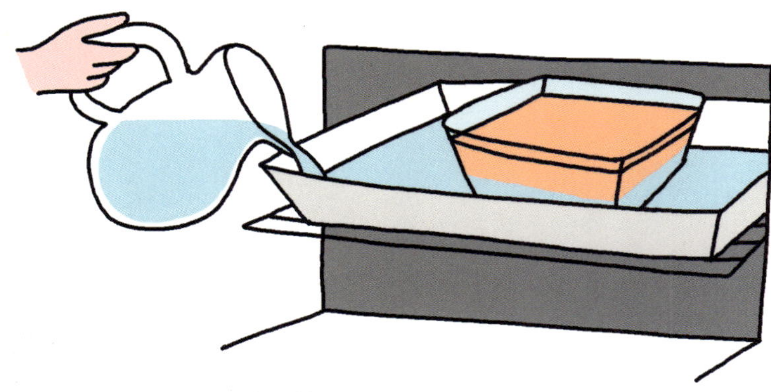

오븐에서 꺼낼 때 푸딩의 가운데 부분만 약간 '물결치듯' 움직이고, 가장자리는 움직이지 않는다면
완성된 거예요. 크렘 캬라멜은 차게 해서 서빙합니다.

만일 푸딩 표면에 물기가 생기면 키친타월을 살짝 올려 물기를 흡수해주세요.

틀에서 크렘 캬라멜을 꺼낼 때에는 뾰족한 칼로 가장자리를 한 번 둘러주면 쉽게 빠집니다.
평평한 접시를 푸딩 위에 얹고 그대로 뒤집어주면 됩니다.

 **피에르 에르메의 플러스 팁**
파이렉스 재질의 둥근 용기를 사용하면 푸딩을 더 예쁜 모양으로 만들 수 있어요.

바닐라 파운드케이크 Cake Infiniment Vanille

준비할 재료

우유
25g

바닐라빈
2개

버터
170g

슈거파우더
125g

아몬드가루
170g

계란 노른자
3개분

계란 흰자
3개분

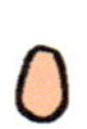
계란
1개

설탕
40g

밀가루
80g

길게 갈라 긁어낸 바닐라빈 껍질과 가루를 모두 우유에 넣고 끓입니다.

끓기 시작하면 불에서 내려 랩을 덮어 **30분간** 그대로 둬서 바닐라 향이 우러나게 합니다.

거름망으로 바닐라빈 껍질을 걸러 냅니다.

거를 때 바닐라빈을 눌러가며 최대한 많은 바닐라빈 가루를 추출해주세요.

피에르 에르메의 플러스 팁

케이크를 틀에서 꺼내 뒤집으면 그쪽 면이 더 매끈해서 데코레이션하기가 더 좋답니다.

오븐을 170℃로 예열해둡니다.

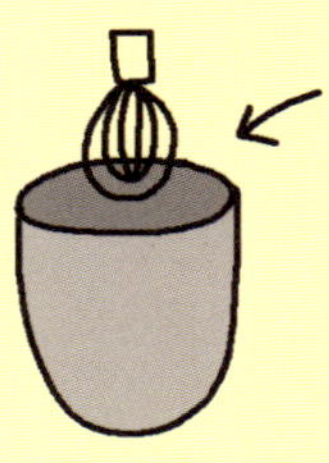

상온에 놓아두었던 버터를 믹싱볼에 넣고 빠른 속도로 잘 으깬 다음,
슈거파우더와 아몬드가루를 넣고 혼합물이 하얀색이 될 때까지 **5분간** 믹싱합니다.
여기에 계란 노른자와 계란을 차례로 넣고 다시 잘 섞어준 다음, 바닐라를 우려낸
우유를 넣고 잘 혼합합니다. 혼합물은 약간 묽은 상태가 됩니다.

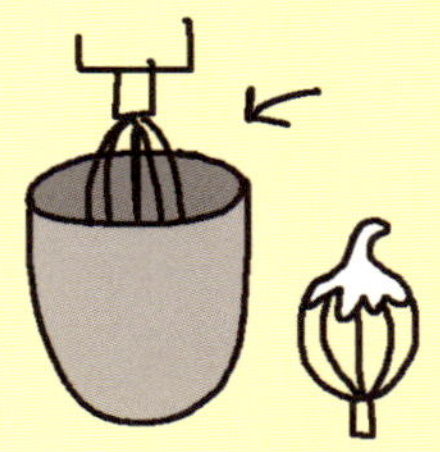

다른 볼에 계란 흰자를 넣고 거품을 올려줍니다. 거품이 올려지기 시작하면
설탕을 조금씩 조금씩 나누어 넣습니다. 머랭은 거품을 들어 올렸을 때 끝이 새부리
모양이 될 정도로 단단해져야 해요.

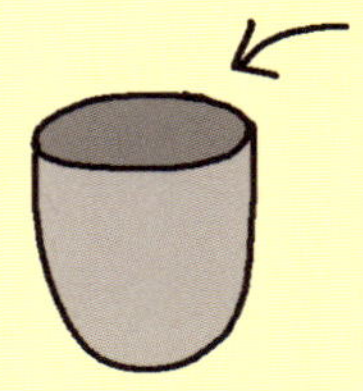

머랭은 3번에 나누어 첫 번째 믹싱볼에 넣어 주는데,
매번 실리콘 주걱으로 아주 살살 저어 주며 혼합물이 서로 잘 섞이도록 합니다.
마지막으로 밀가루를 2번에 나누어 넣고 잘 섞어줍니다. 완성된 반죽은 아주 가벼운
묽은 상태여야 합니다.

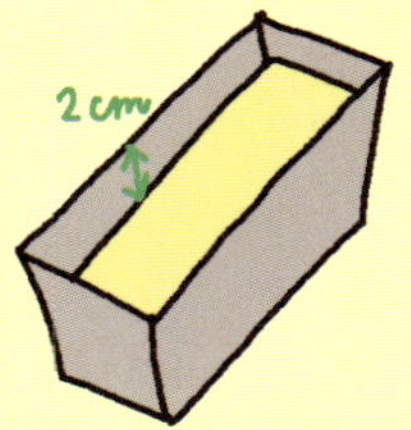

케이크 틀에 버터를 바르고 밀가루를 뿌려 탁탁 털어낸 다음, 틀 안쪽 높이 2cm를 남기고
혼합반죽을 붓습니다. 오븐에 **45분간** 구워줍니다.

칼을 찔러보아 아무것도 묻지 않고 깨끗하게 나오면 다 구워진 거예요.
오븐에서 꺼낸 뒤 **5분 후에** 틀에서 분리하고 거꾸로 뒤집어 식힘망에 올립니다.
뒷면이 더 예쁘거든요.

이스파한 파운드케이크 Cake Ispahan

준비할 재료

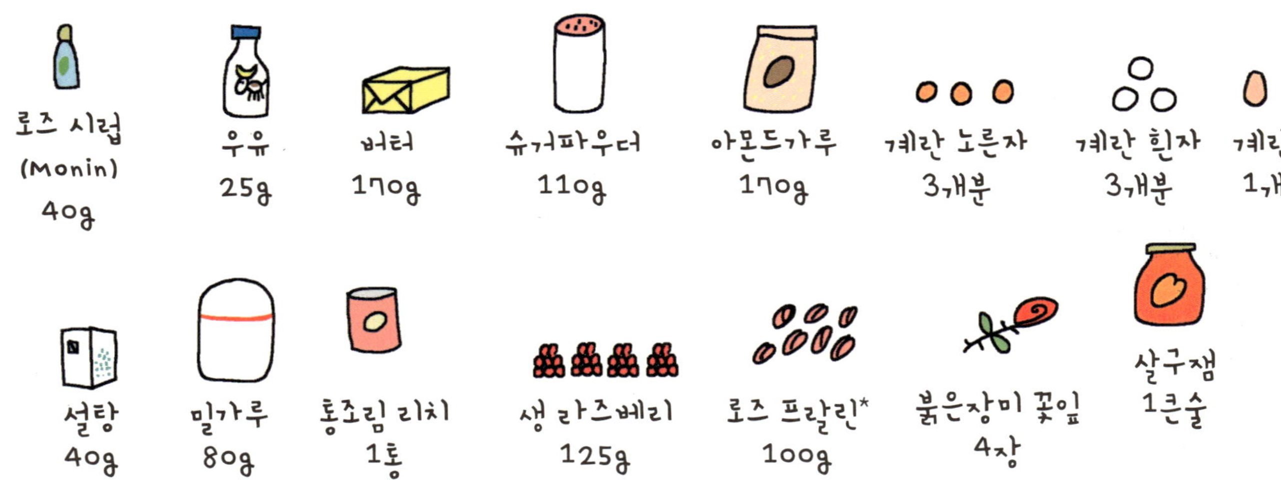

*프랄린: 아몬드, 헤이즐넛 등 견과류에 캐러멜화한 설탕을 입혀 만든 것으로, 가루를 내어 초콜릿에 넣기도 합니다.

오븐을 160℃로 예열해둡니다.

믹싱볼에 로즈 시럽과 우유를 섞어줍니다.

다른 믹싱볼에 상온에 둔 버터를 넣고 빠른 속도로 돌려 공기가 주입되게 해준 다음, 슈거파우더와 아몬드가루를 넣어 하얀색이 날 때까지 잘 섞어주세요.

그다음 계란 노른자와 계란을 넣고 잘 섞어줍니다. 혼합물이 약간 거품을 띤 상태가 되면, 첫 번째 믹싱볼의 우유를 넣어줍니다.

세 번째 볼에 계란 흰자 거품을 올려줍니다. 거품이 단단히 올려지기 시작하면 설탕을 조금씩 나누어 넣으면서 계속 돌려주다가, 거품 끝이 새부리 모양이 되면 멈춰주세요.

계란 흰자 거품을 3번에 나누어 두 번째 믹싱볼에 넣는데, 이때 매번 실리콘 주걱으로 아주 살살 저어주며 혼합물이 서로 잘 섞이도록 합니다. 마지막으로 밀가루를 2번에 나누어 넣어주고 잘 섞어줍니다.

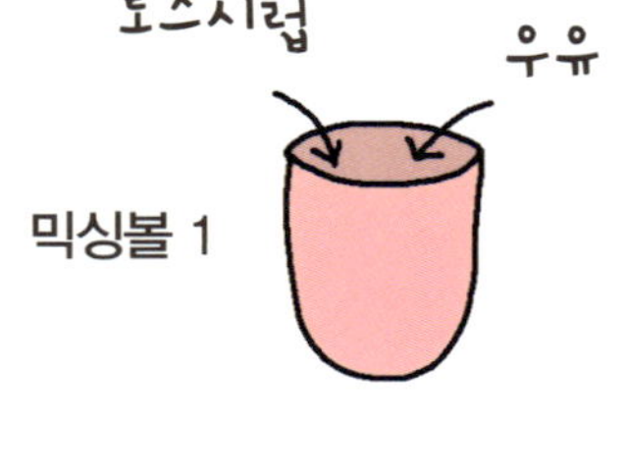

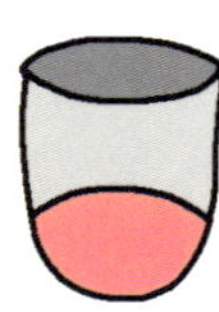

리치를 건져서 꼭 눌러 짜 최대한 물기를 뺀 뒤, 4등분으로 잘라
키친타월 위에 놓고 건조시킵니다. 케이크 틀 안쪽에 붓으로 버터를 바르고,
밀가루를 뿌린 뒤 너무 많이 묻어 있지 않도록 탁탁 쳐 털어냅니다.

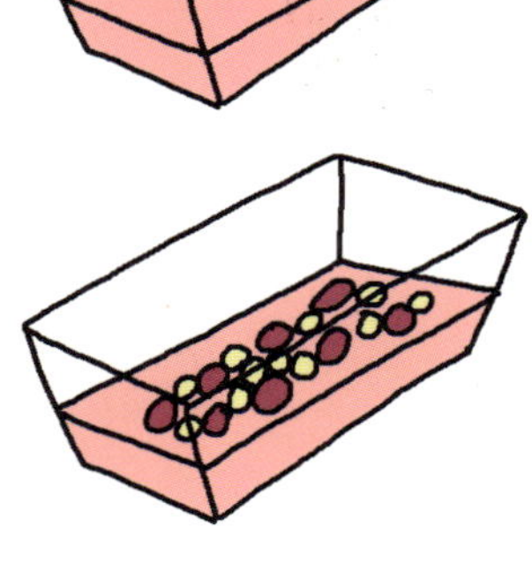

혼합반죽을 케이크 틀에 한 켜 붓고, 반죽 속으로
미끄러져 쏙 빠져 들어가지 않도록 밀가루에 살짝
굴린 산딸기 12개와 리치를 교대로 섞어,
반죽 가운데에 놓아줍니다. 그 위에 반죽 한 켜,
과일 한 켜를 반복해서 올리고 마지막에는 케이크틀
높이 2cm를 남긴 상태에서 반죽으로
마무리합니다.

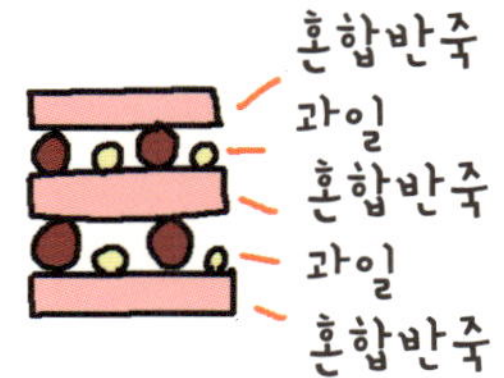

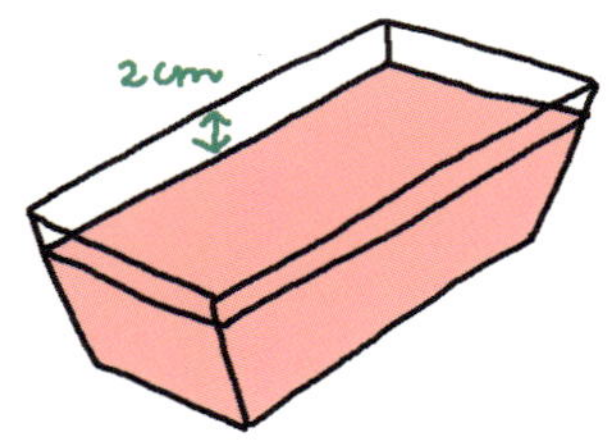

케이크 틀을 작업대 바닥에 탁탁 쳐서 공기를 빼준 뒤
오븐에 **55분** 구워줍니다.

오븐에서 꺼낸 뒤 **5분 후에** 틀에서 분리해 거꾸로 뒤집어 식힘망에 올려놓고
2시간 정도 식힙니다.

냄비 바닥을 이용해서 로즈 프랄린을 눌러 부숴줍니다. 프랄린이 잘 붙도록,
미리 케이크 표면에 살구잼을 얇게 한 겹 발라주세요. 로즈 프랄린을 얹은 다음,
장미꽃잎 4장으로 마무리 장식을 합니다.

초콜릿 무스 *Mousse au chocolat*

준비할 재료

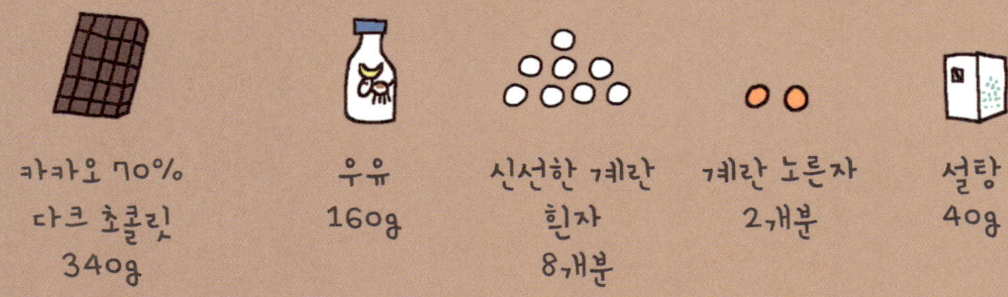

초콜릿을 조각으로 잘라서 중탕이나 전자레인지(450W 약 **5분**)로 녹여줍니다.

우유를 끓여서 녹은 초콜릿에 조금씩 부어가며 잘 저어, 우유와 초콜릿이 완전히 섞이도록 합니다.
이렇게 하면 윤기나는 가나슈가 완성됩니다.

여기에 계란 노른자를 넣고 잘 섞어주세요.

계란 흰자 거품을 만듭니다. 거품이 일기 시작하면 설탕을 조금씩 조금씩 넣습니다.
그래야 계란 흰자가 뭉치지 않아요.

완성된 계란 흰자 거품을 여러 번에 나누어 조심스럽게 초콜릿에 넣고, 실리콘 주걱으로 돌려가며 살살 섞습니다.
보관용기에 옮겨 냉장고에 **1시간** 넣어둡니다.

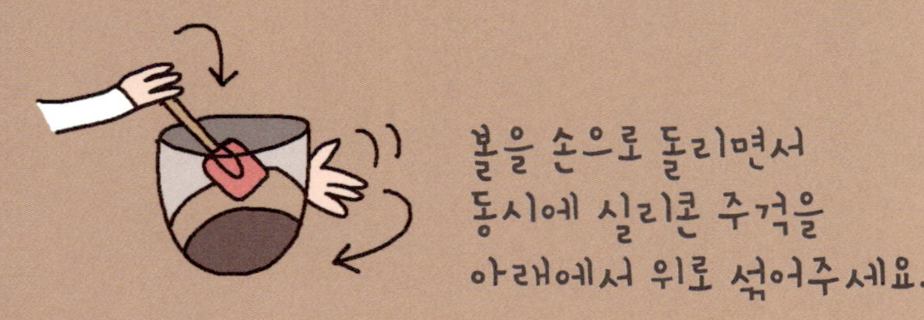

 ## 피에르 에르메의 플러스 팁

우유와 초콜릿의 온도를 같게 해주는 것이 중요해요. 뜨거운 우유를 차가운 초콜릿에 부어 혼합하면
망치게 됩니다. 초콜릿은 개인적으로 발로나(Valrhona)를 선호합니다.

초콜릿 무스와 함께 곁들이면 좋아요…

• 브리오슈 토스트와 오렌지 마멀레이드

• 버터에 볶아 살짝 익혀 아직 과육이 남아 있는 상태의 사과

• 라즈베리

• 사과와 계피

• 배

• 사과/배 믹스

• 오렌지 콩피

초콜릿 케이크 *Gâteau au chocolat*

준비할 재료

카카오 50%
다크 초콜릿
250g

상온에 둔 버터
250g

설탕
200g

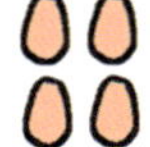
계란
4개

밀가루
70g

오븐
180°C

초콜릿을 포장 상태로
작업대 모서리에 대고
두들겨 깨트립니다.

약한 불에
중탕으로

계란을 하나씩
넣어요.

계란 하나 넣을 때마다
1분씩 섞어요.

초콜릿을 잘 젓고 녹으면
불에서 내려요.

초콜릿을 버터,
설탕, 계란 믹싱볼에
부어줍니다.

다시 혼합해
줍니다.

밀가루를 넣고
섞어요.

살짝 맛보니,
아니 벌써
끝내줘요···

너무
맛나요.

혼합물을 버터 바른
원형 틀에 부어줍니다.

평평하게 스프레드
안 해줘도 돼요.

오븐에서
약 30분

칼로 찔러보아 익었는지
확인합니다.

케이크 속은 부드럽고,
칼은 아무것도 묻지 않고
거의 마른 상태로 나와야 해요.

표면이 터져 약간
갈라진 모습.
너무 근사하죠?

멈출 수가 없네요.
혼자 다 먹어요.

초콜릿 타르트 Tarte fine au chocolat

준비할 재료

전날 미리 준비해 둔 슈거 페이스트리 (p.22)   1개

초코 크리스피 재료

카카오 70%
다크 초콜릿
20g

버터
10g

아몬드 프랄린
혹은 헤이즐넛
프랄린
90g

Gavottes*
비스킷 부순 것
(콘 플레이크
크기 정도)
30g

*Gavottes: 프랑스의 크리스피 크레페 과자.

가나슈 재료

생크림
225g

카카오 70%
다크 초콜릿
200g

버터
50g

원형 무스링(지름 23cm x 높이 2cm)

오븐을 170℃로 예열해둡니다.

반죽을 무스링 크기보다 1cm 정도 여유 있게 밀어줍니다.
유산지를 깐 오븐팬에 원형 반죽을 펴놓고, 포크로 구멍을
내어야 굽는 도중 기포가 생기는 것을 막을 수 있습니다.
오븐에 넣어 **15분간** 구워주세요.

오븐에서 꺼낸 뒤 원형 틀로 눌러서 모양을 찍어냅니다.
무스링을 그대로 올려둔 상태에서 초코 크리스피를
크러스트 위에 깔아줍니다.

초코 크리스피 만들기

내열용기에 초콜릿과 버터를 담고, 전자레인지(600W)에
약 2분간 돌려 완전히 녹여줍니다. 중탕으로 녹여도 좋아요.
실리콘 주걱으로 섞어준 다음 프랄린을 넣으세요.
잘 섞은 뒤, 준비한 비스킷을 넣고 입자가
너무 잘게 부스러지지 않도록 아주 살살 섞어줍니다.
다 혼합되면 준비된 타르트 크러스트 가운데 붓고,
숟가락 뒷면이나 스패출라를 사용하여 고르게 펴 바릅니다.

가나슈 만들기

생크림을 나무 주걱으로 저으면서 끓입니다.
초콜릿 무스 만들 때와 마찬가지로 초콜릿을 살짝 녹여야
하는데요, 초콜릿을 대충 잘게 부숴서 그릇에 담고 녹인 후,
끓인 크림을 우선 1/3 만 붓고 **30초** 정도 기다린 후에
실리콘 주걱으로 저어 섞어 크림과 잘 혼합되면,
다시 두 번째 크림 1/3 을 넣어 섞고, 마지막 1/3을 넣어
모두 혼합합니다. 그리고 나서, 잘게 자른 버터를 넣어줍니다.
그러면 쉽게 섞을 수 있어요.
완성된 가나슈를 틀에 부어줍니다.

냉장고에 넣어 **2시간** 보관합니다.
칼을 뜨거운 물에 담갔다 틀 가장자리를 따라 한 번 돌려주면
타르트를 쉽게
분리할 수 있습니다.
타르트는 상온으로 드세요.

캐러멜 파인애플 Ananas rôti caramélisé

준비할 재료

파인애플
1.5kg짜리
1개

바닐라빈
2개

설탕
125g

바나나
1/2 개

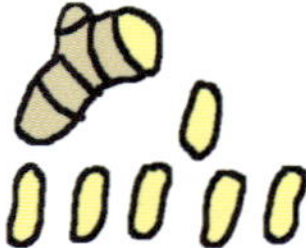

생강
얇게 저며서
6조각

자메이카 페퍼
(올스파이스)
6 알갱이

물
1/2컵

럼주
1큰술

오븐을 230℃로 예열해둡니다.

파인애플은 굳이 빅토리아종*을 선택하지 않아도 됩니다. 다른 종류도 아주 맛있는 게 많아요.
잘 익은 것으로 고르면 됩니다.
우선 파인애플 잎 부분을 제거해준 다음, 위와 아래를 단면으로 자릅니다.
세워 놓고 껍질을 벗겨주는데 이때 껍질을 충분히 두껍게 벗겨서 파인애플의 뾰족한 씨눈을 전부 제거해야 합니다.

*빅토리아 파인애플: 프랑스령 레위니옹 섬에서 재배되는 파인애플종으로
향과 맛이 뛰어나다. 빅토리아 여왕이 즐겨서 이 이름이 붙음.

피에르 에르메의 플러스 팁
물을 넣지 않고 만든 드라이 캐러멜이 더 맛이 좋답니다.

드라이 캐러멜을 만들어보아요.
냄비를 달군 다음 설탕을 조금씩 조금씩 넣어줍니다. 만일 연기가 난다면 냄비에 이물질이 있다는 증거예요.
이럴 경우엔 냄비를 깨끗이 씻고 다시 시작하세요. 설탕은 금방 녹아 아주 입맛을 돋우는 갈색 액체가 됩니다.

불에서 내린 후 캐러멜에 생강 슬라이스, 갈라서 속을 긁은 바닐라빈 껍질과 가루,
그리고 올스파이스 페퍼 알갱이를 넣습니다. 거품기로 잘 섞은 다음
럼주, 물, 으깬 바나나를 넣어주세요.
다시 불에 올려 끓이면서 굳은 설탕 덩어리가 없도록 잘 저어줍니다.

파인애플 크기보다 약간 큰 오븐용 그라탕 용기에 파인애플을 담고
완성된 캐러멜을 골고루 끼얹어줍니다. 오븐에 넣고 **1시간** 익힙니다.
캐러멜을 만든 냄비는 얼른 물에 담가놓아야 나중에 닦아내기 쉽겠죠.

로스트 치킨을 구울 때와 마찬가지로, **10분**마다 파인애플에 캐러멜을
골고루 끼얹어주세요. 중간 정도 익으면 파인애플을 한 번 뒤집고,
그릇 바닥에 물을 조금 넣어줍니다. 만일 그릇이 크다면
수분이 더 빨리 증발하니까 물의 양을 좀 더 많이 보충해주어야 해요.
하지만, 아주 잘 익은 파인애플을 사용할 경우는 과즙이
많이 나오기 때문에 수분을 따로 보충하지 않아도 됩니다.

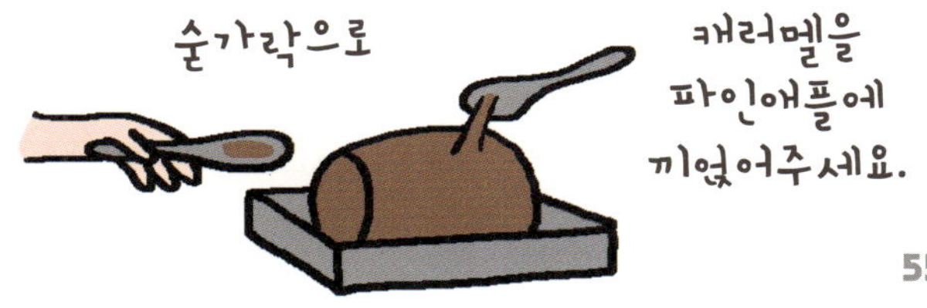

오븐에서 꺼낸 뒤 파인애플을 도마에 놓고 한쪽 끝에 포크를 찍어주세요.
고정되어서 더 쉽게 자를 수 있답니다.

원형으로 슬라이스하고 가운데 단단한 심을
제거하면서 작고 길쭉한 모양으로 자릅니다.
서빙하기 전에 페퍼 알갱이를 제거하는 것
잊지 마세요.

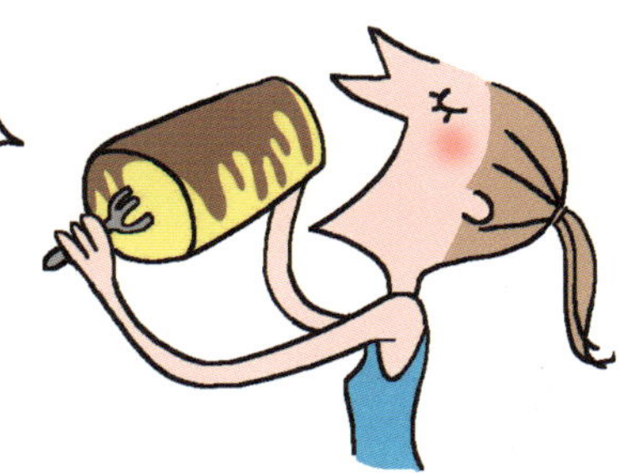

피에르 에르메의 플러스 팁
캐러멜 파인애플은 코코넛 아이스크림, 캐러멜 아이스크림, 라임 아이스크림과
잘 어울리고, 라임 껍질 가루를 뿌리면 더 맛이 좋아요.

딸기 민트 샐러드 *Salade de fraises et menthe*

준비할 재료

분량의 물과 설탕을 끓여 시럽을 만듭니다.

불에서 내린 후, 민트잎 10장을 대충 찢어서 넣고 랩으로 덮은 다음 **30분간** 우려냅니다.
남은 민트잎은 비닐에 잘 싸서 보관해둡니다.

민트향이 우러난 시럽을 거름망에 걸러준 다음 페퍼민트 리큐어를 넣어주면 시럽 완성.

딸기는 씻지 않은 상태*로 꼭지를 따고 크기에 따라 세로로 2등분 혹은 4등분합니다.

딸기를 샐러드 볼에 넣고 라임 껍질을 그레이터로 갈아 그 위에 뿌립니다.
민트 시럽을 붓고 아주 살살 섞어주세요.
서빙하기 바로 전에 나머지 민트잎 10장을 아주 가늘게 채 썰어 딸기 위에 뿌려줍니다.

*번역자 주: 프랑스에서는 디저트용 베리류를 보통 잘 씻지 않는 경우가 많습니다.
모양이 망가지고 수분으로 인해 물러지는 것을 방지하는 이유에서인데, 우리나라에서는
아무래도 농약 및 청결에 대한 우려 때문에 씻어서 사용하는 것을 권장합니다.

피에르 에르메의 플러스 팁

과일 샐러드에 뿌리는 시럽은 일종의 양념과도 같아요.
페퍼민트 리큐어는 민트의 향을 더 깊게 해주는 역할을 합니다.

프루츠 믹스 샐러드 *Salade de fruits jolie*

하루 전에 미리 준비해놓아도 좋아요.

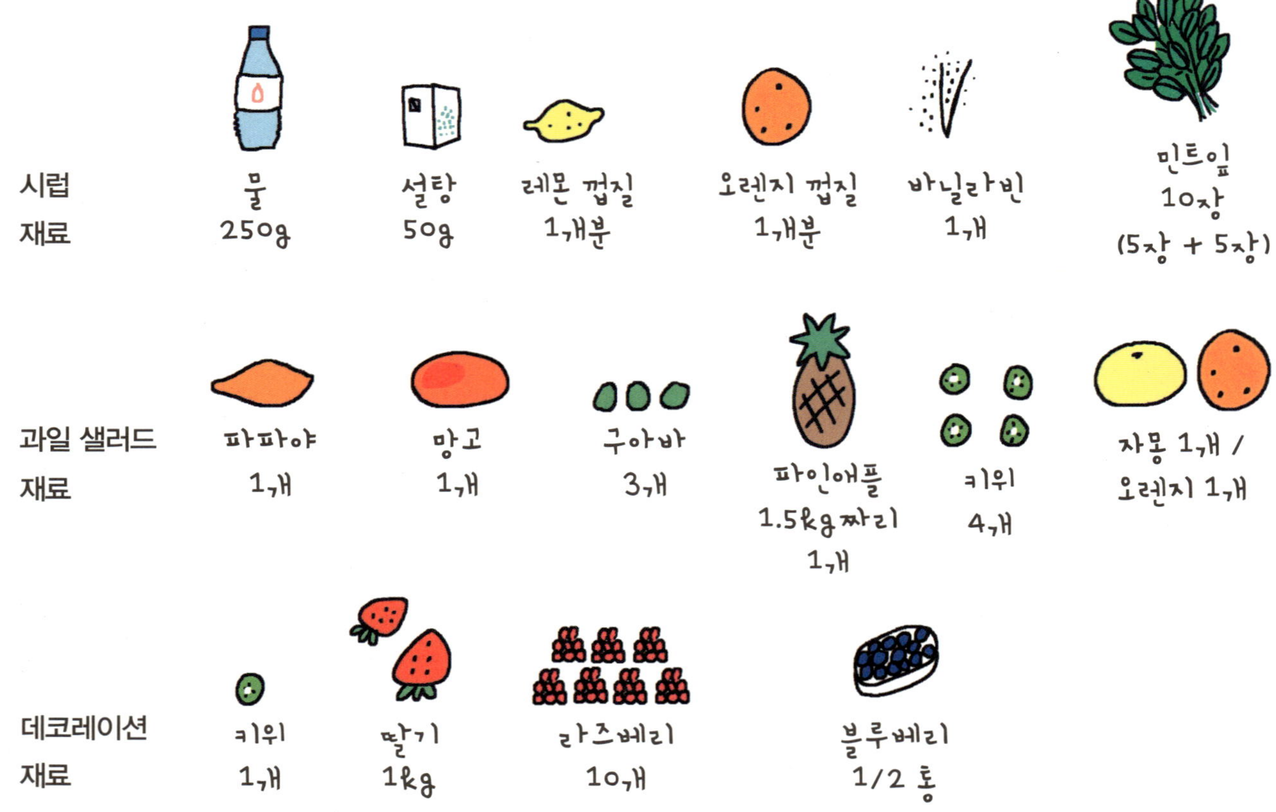

피에르 에르메의 플러스 팁

이 레시피는 제가 르노트르(Lenôtre: 프랑스의 유명한 페이스트리 부티크. 제빵 제과 및 요리학교도
운영하고 있다)에서 일할 때 배운 거예요. 저는 과일을 언제나 얇게 저며서 썰어요.
깍둑썰기를 하면 시중에서 파는 프루츠 칵테일 통조림 느낌이 나니까요.
구아바는 질감이 사과와 비슷한 과일로, 장미향이 나기도 합니다.
알이 굵은 블랙베리는 향미가 없어서 별로 좋아하지 않고, 바나나는 다른 모든 과일의 향을
덮어버리기 때문에 잘 사용하지 않아요. 또한, 사과는 이렇게 프루츠 믹스 샐러드에 넣기에는
너무 평범하다고 생각해요. 사과는 그냥 베어 물어 먹는 게 더 맛있죠.

우선 시럽을 준비합니다.
냄비에 물, 설탕, 레몬 껍질, 오렌지 껍질, 길게 잘라 속을 긁어낸 바닐라빈 껍질과 가루를 모두 넣고 끓입니다.
끓으면 불에서 내려 민트잎 5장을 굵게 찢어 넣고 냄비를 랩으로 덮은 다음, **30분간** 향이 우러나게 합니다.

이제 과일을 준비합니다. 과일은 아주 잘 익은 것들로 골라주세요.

파파야와 망고는 칼로 양쪽 끝을 잘라낸 다음, 감자 필러로
껍질을 벗깁니다. 너무 익어서 무른 경우에는 칼을 사용하세요.

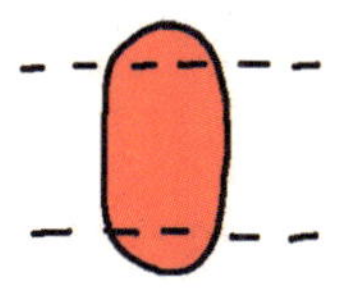
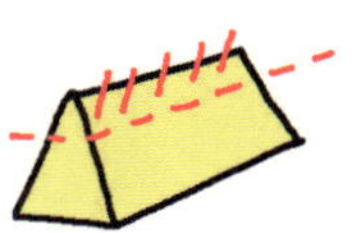

그다음, 구아바 껍질을 벗깁니다.

파인애플은 껍질을 벗겨 씨눈을 제거하고, 세로로 4등분해서
단단한 속심을 잘라냅니다.

껍질을 벗긴 파파야는 길게 반으로 자른 다음, 씨를 제거하고 얇게 자릅니다.

망고는 가운데 큰 씨에서 과육을 분리해 잘라낸 다음,
마찬가지로 얇게 슬라이스합니다.

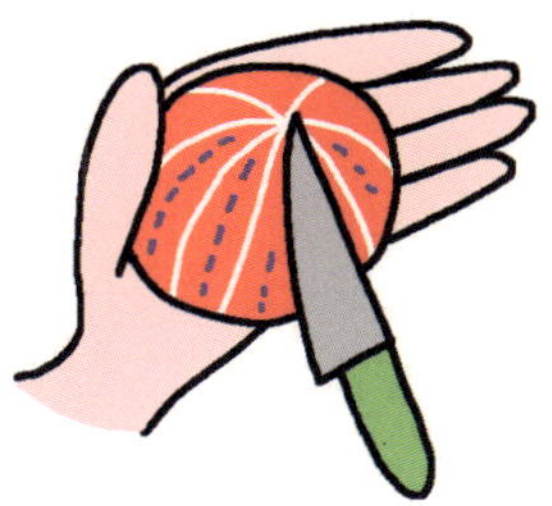

키위 3개를 껍질을 벗겨 이등분하고 얇게 잘라줍니다.

네 번째 키위도 마찬가지로 잘라두었다가 마지막에 장식용으로 사용하세요.

오렌지는 속살을 한 조각씩 분리한 다음, 한입에 먹기 좋게 다시 반으로
얇게 저밉니다. 그리고 남은 오렌지는 꾹 짜서 즙을 함께 넣어주세요.

자몽은 일단 가로로 이등분한 다음, 오렌지와 같은 방법으로 저밉니다.

이제 모든 과일을 큰 샐러드 볼에 넣고 뭉개지지 않게 손으로
살살 섞어주세요.

서빙하기 직전에 딸기의 꼭지를 떼고 세로로 이등분해서 과일 샐러드 위에
속이 위로 향하게 하여 동그랗게 둘러 장식합니다.

라즈베리와 블루베리도 골고루 얹어놓고 사이사이 키위도 놓습니다.
살구나 복숭아를 넣어도 좋아요.

시럽을 뿌리고, 나머지 5장의 민트잎을 가늘게 채썰어 장식합니다.

머랭 Meringue

준비할 재료

계란 흰자
2개분

설탕
50g × 2

슈거파우더

피에르 에르메의 플러스 팁

머랭을 만들어놓으면, 몽블랑(p.62),
샹티이 크림* 머랭, 아이스크림 머랭 등의
디저트를 만들 때 다양하게 활용할 수 있답니다.

*샹티이 크림(crème chantilly) : 생크림과 설탕을 넣고 잘 저어 거품을 낸 크림.

오븐을 120℃로 예열해둡니다.

계란 흰자 거품을 올려줍니다. 거품이 올라가기 시작하면 먼저 설탕 50g을 조금씩 넣습니다.
거품 끝이 새부리 모양이 되면 나머지 50g을 넣고 실리콘 주걱으로 위에서 아래로
돌리면서 살살 섞어주세요.

오븐팬에 유산지를 깔고, 머랭 반죽을 짤주머니에 넣어,
몽블랑용으로 지름 4cm 크기의 동그라미를 짭니다.
샹티이 크림 머랭이나 아이스크림 머랭용으로는
길이 8cm의 막대기 모양으로 짜 주세요.

샹티이 크림 머랭에 쓸 막대 모양 머랭 위에 슈거파우더를
15분 간격으로 두 번 뿌려줍니다.
그리고 이것을 오븐에 넣어 **1시간 동안** 구워주세요.
그런 다음, 오븐의 온도를 90℃로 낮추고,
다시 **2시간 30분 동안** 굽습니다.

머랭은 미리 만들어놓아도 좋아요.
밀폐 용기에 담아 한 달간 보관할 수 있습니다.

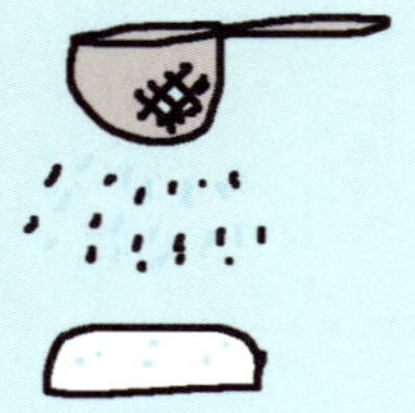

피에르 에르메의 플러스 팁

샹티이 크림 머랭을 먹을 때면 르노트르에서 일하던 시절이 생각납니다.
이 머랭은 일요일에만 만들었죠.

샹티이 크림 머랭 Meringue chantilly

차가운 접시에 긴 막대 모양의 머랭 두 개를 마주 보게 놓습니다.
그 사이에 샹티이 크림을 가득 짜 넣어줍니다.
오븐에서 120℃로 12분 동안 구워놓은 아몬드 슬라이스를 골고루 뿌려줍니다.

아이스크림 머랭 Meringue glacée

차가운 접시 위에 두 개의 긴 머랭을 놓고 사이에 아이스크림 두 스쿱을 넣어 샌드위치처럼 만듭니다.
아이스크림 위에 샹티이 크림을 덮어 장식합니다.

몽블랑 Mont-blanc à ma façon

되도록이면 서빙하기 1시간 전에 만들어두세요.

8cm 원형 틀에 구운 슈거 페이스트리(p.22) 크러스트 8개, 작은 원형 머랭 8개(p.60)가 필요합니다.

밤 페이스트 믹스 재료

밤 퓌레 250g 밤 페이스트 250g 밤 크림 125g 다크 럼 7g

샹티이 크림 재료

*생크림을 냉동실에 30분간 넣었다가 사용하면 좋아요.

생크림* 500g 설탕 40g 로즈힙베리 잼 100g

밤 페이스트 믹스 준비

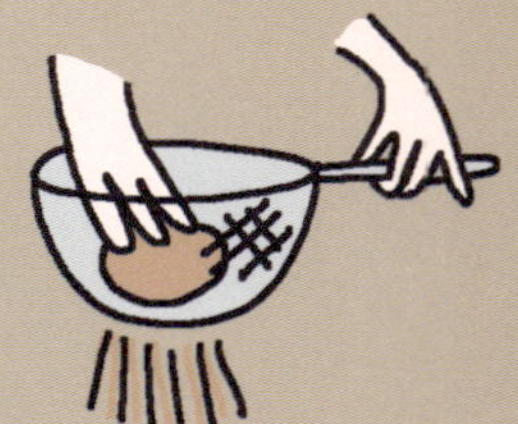

볼에 밤 퓌레와 밤 페이스트를 넣고, 덩어리 없이 소프트한 상태가 되도록 잘 섞어주세요.
윤기 있게 혼합되면, 밤 크림을 넣고 섞은 다음, 럼주를 넣습니다.

혼합한 페이스트를 눌러가며 체에 내려, 뭉친 알갱이가 하나도 없는 고운 상태로 만들어주세요.
덩어리가 있으면 국수 모양 깍지로 짤 때 막히기 쉬우니까요.

샹티이 크림 만들기

크림을 휘핑합니다. 손으로 거품기를 이용해도 좋고, 자동 믹서를 사용해도 좋아요. 이때 주의할 점은 어떤 경우든
아주 살살, 천천히 거품을 내야 한다는 거예요. 볼에 생크림과 설탕을 넣고 거품기로 잘 저어주세요. 너무 단단해질
때까지 휘핑하지 말고, 볼을 거꾸로 뒤집었을 때, 크림이 흘러내리지 않을 정도의 상태면 됩니다.

피에르 에르메의 플러스 팁

샹티이 크림 잘 만드는 비결이 궁금하세요? 바로 온도인데요, 생크림을 냉장고 온도(4℃)로
차게 준비하고, 사용하는 볼도 차게 준비해두세요. 찬물에 얼음을 넣고 볼의 밑 부분이 잠기게 해서
작업하는 동안 볼의 온도를 차게 유지하기도 한답니다.

몽블랑 올리기

짤주머니에 별모양 깍지를 끼우고 샹티이 크림을 넣습니다.
준비한 슈거 페이스트리 크러스트에 샹티이 크림을 동그랗게 짜 넣고,
그 위에 동그란 머랭을 올립니다. 그리고 다시 한 번 샹티이 크림을 짜 넣고,
잼을 작은술로 한 숟갈 올린 다음. 다시 샹티이 크림으로 마무리합니다.
작은 팔레트 나이프로 샹티이 크림을 내리 발라서 전체를 돔 모양으로 매끈하게 만듭니다.
그리고 엄지손가락으로 크러스트 가장자리를 누르면서 한 바퀴 돌려서 밤 페이스트 올릴
자리를 만들어주세요.

짤주머니에 가는 국수 모양 깍지를 끼우고, 밤 페이스트 혼합물을 넣습니다.
밤 페이스트는 상온에 두어야 짤 때 끊어지지 않고 부드럽게 나온답니다.
우선 돔의 맨 밑에 밤 페이스트를 한 바퀴 둘러 짠 다음. 조리대에 놓고 국수 모양으로
짜서 두르면서 계속 위로 올라갑니다. 그렇게 샹티이 크림이 보이지 않을 때까지 짜서 덮고,
마무리로 샹티이 크림을 장미 모양으로 짜서 돔의 맨 윗부분을 장식합니다.

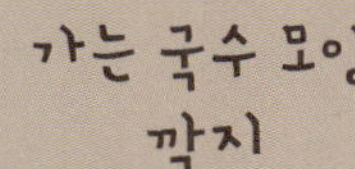
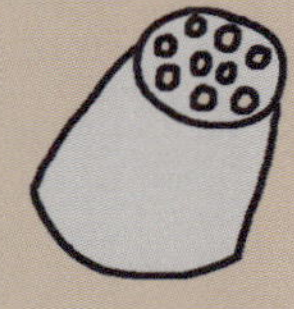

피에르 에르메의 플러스 팁

로즈힙베리 잼의 약간 새콤한 맛은 밤의 풍미를 더 깊고 진하게 해주는 역할을 합니다.
나의 아버지는 몽블랑 베이스로 타르트 크러스트를 쓰지 않고, 종이 받침을 사용하셨습니다.
이렇게 만든 몽블랑을 '마롱 토치'라고 부르셨죠. 아버지는 밤 페이스트를 직접 만드셨는데,
영광스럽게도 밤 까는 일은 제 몫이었답니다….

아직
멀었어요?
시간 엄청
걸리네요,
정말!

슈 페이스트리 Pâte à choux

빅사이즈 슈 8개분

준비할 재료

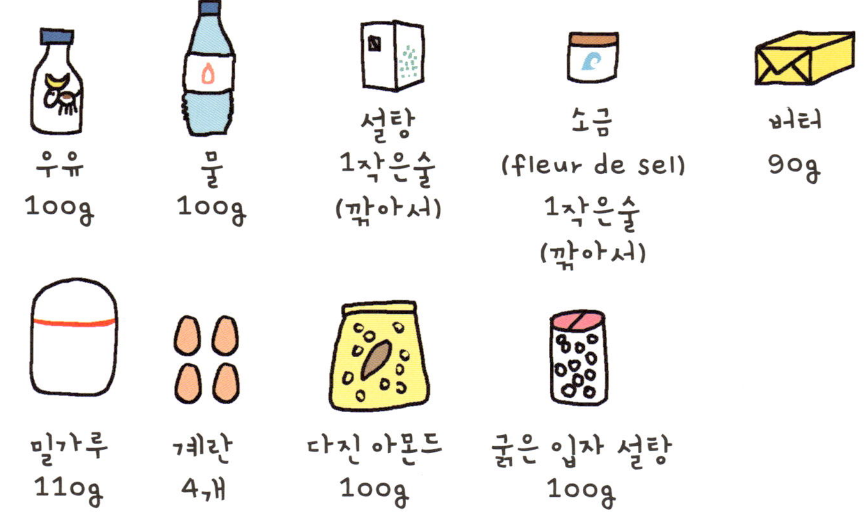

우유 100g

물 100g

설탕 1작은술 (깎아서)

소금 (fleur de sel) 1작은술 (깎아서)

버터 90g

밀가루 110g

계란 4개

다진 아몬드 100g

굵은 입자 설탕 100g

오븐을 250℃로 예열해둡니다.

냄비에 우유, 물, 설탕, 소금, 버터를 넣고 끓인 뒤, 불에서 내려 밀가루를 넣고 나무 주걱으로 저어 섞어줍니다.
그리고 다시 중불에 올려 약 **2분간** 나무 숟가락으로 저으며 습기를 없앱니다. 이때 반죽은 매끄럽지 않은 상태로
감자 퓌레와 같은 텍스처를 띱니다.

반죽을 볼에 옮기고 계란을 하나씩 넣어주세요. 한 개를 넣고 나무 숟가락으로 완전히 섞어준 후에
다음 계란을 넣어야 합니다. 마지막 계란을 넣기 전에 반죽의 농도를 잘 확인하고 나서 반죽의 상태에 따라 한 개,
혹은 반 개의 계란을 넣습니다

짤주머니에 둥근 깍지를 끼우고 완성된 반죽을 넣어주세요.
유산지를 깔아놓은 오븐팬에 5cm 정도 크기로 동그랗게 반죽을 짜놓고 그 위에 다진 아몬드와
굵은 입자의 설탕을 넉넉히 뿌려줍니다.

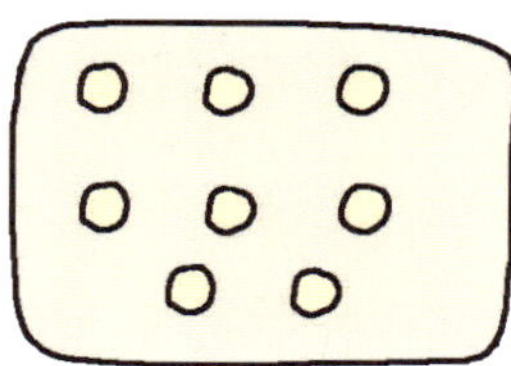
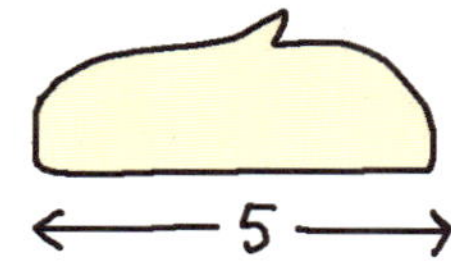

이것을 예열된 오븐에 넣고, 곧바로 오븐을 끕니다.
이 상태로 오븐에 **20분간** 둡니다.

그리고 다시 오븐을 켜서 온도를 180℃에 맞춘 뒤
15~20분간 구워줍니다. 중간에 두 번 약 몇 초간 오븐 문을
열어 습기를 배출시킵니다.

완성된 슈 페이스트리를 오븐에서 꺼내 곧바로 망에 올려 식힙니다.

크렘 앙글레즈 *Crème anglaise*

하루 전에 준비합니다.

준비할 재료

판 젤라틴 2장 · 그린 카다몬 8알갱이 · 생크림 250g · 설탕 60g · 계란 노른자 3개 · 마스카르포네 치즈 250g · 오렌지 마멀레이드 100g · 딸기 250g

시작하기 **20분 전**에 판 젤라틴을 넉넉한 양의 찬물에 담가놓습니다.

카다몬 알갱이를 최대한 향이 우러나도록 밀대로 밀어 부수거나 칼로 잘게 다집니다.

냄비에 생크림과 다진 카다몬 가루를 넣고 끓입니다.

내용물이 끓으면 불에서 내려 랩으로 덮은 뒤 **30분간** 향이 우러나게 합니다.

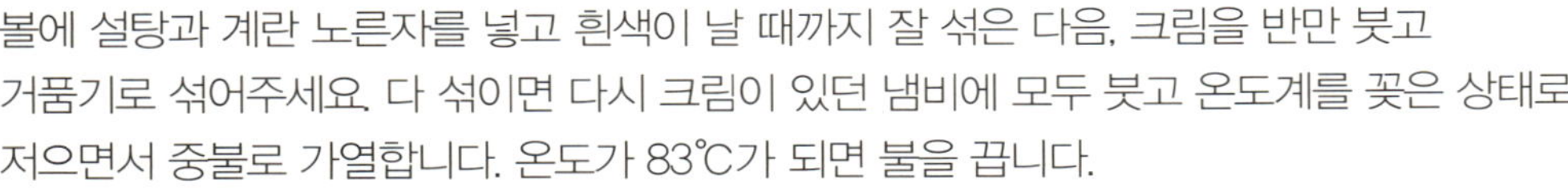

볼에 설탕과 계란 노른자를 넣고 흰색이 날 때까지 잘 섞은 다음, 크림을 반만 붓고
거품기로 섞어주세요. 다 섞이면 다시 크림이 있던 냄비에 모두 붓고 온도계를 꽂은 상태로
저으면서 중불로 가열합니다. 온도가 83℃가 되면 불을 끕니다.

젤라틴을 꼭 짠 뒤 용기에 넣고 그 위에 냄비의 크림 혼합물을 체에 내려 부으면서 카다몬을 걸러줍니다.
잘 저어서 젤라틴이 골고루 섞이게 한 다음, 랩을 크림 표면에 밀착되게 덮어서 냉장고에 하룻밤 보관합니다.

다음 날

볼에 크렘 앙글레즈와 마스카르포네 치즈를 넣고, 거품기를 빠른 속도로 돌려 섞어주세요.
실리콘 주걱으로 볼의 벽면에 붙은 내용물을 잘 긁어내서 섞고, 다시 거품기로 **3~4분간** 저어줍니다.

피에르 에르메의 플러스 팁
흔히 생각하는 것과 달리 마스카르포네 치즈는 크렘 앙글레즈와 섞이면
텍스처가 가벼워진답니다.

구르망디즈 콘스텔라시옹 Gourmandise Constellation* 만들기

*Gourmandise Constellation: 피에르 에르메의 대표적인
슈 페이스트리 디저트 이름.

딸기는 꼭지를 따서 세로로 이등분하고, 크렘 앙글레즈는 별 모양 깍지를 끼운 짤주머니에 넣습니다.

슈의 윗부분을 자르고
손가락으로 속을
약간 파냅니다.

슈 안에 크렘 앙글레즈를
조금 짜 넣고, 마멀레이드를
조금 넣습니다.

다시 크렘
앙글레즈를
장미 모양으로
짜서 얹어줍니다.

딸기를 마치 슈에서 피어나는
것처럼 부채 모양으로 빙
둘러 얹고, 그 위에 크렘
앙글레즈를 장미 모양으로
듬뿍 짜서 장식합니다.

카미유,
이 슈크림 정말 환상적이야,
먹고 싶은걸…
이렇게 딸기를 올려놓으니
참 예뻐.

PH

사블레 디아망 *Sablés diamants*

준비할 재료

볼에 버터와 바닐라빈 가루를 넣고 자동 믹서(혼합기 핀)나 실리콘 주걱으로 잘 섞은 다음 설탕 80g과 소금을 추가합니다. 실리콘 주걱으로 믹싱볼 밑에 붙은 혼합물을 잘 떼어준 다음, 다시 혼합기를 돌리거나 혹은 손가락으로 골고루 섞어줍니다. 그러고 나서 밀가루를 넣는데, 이때도 마찬가지로 바닥에 붙어 있는 버터를 잘 떼어가며 섞어야 합니다. 자동 믹서를 사용할 경우 속도를 좀 높여줍니다. 이제 반죽이 완성됩니다.

반죽을 170g씩 떼어 3등분한 다음, 각각의 반죽 덩어리를 길이 30cm, 지름 2cm 정도로 가늘고 길게 만들어줍니다. 매끈하고 완벽하게 마무리하려면, 마지막에 작은 도마를 사용하여 긴 반죽을 살짝 누르며 굴려주세요. 그러면 손가락 자국이 남지 않아 매끈하게 긴 반죽이 완성됩니다.

유산지를 펴고 가운데에 설탕 60g을 부은 뒤, 길게 밀어놓은 반죽을 만들자마자 하나씩 굴려줍니다. 따뜻하고 말랑하게 잘 반죽된 상태라 설탕이 잘 묻어요. 랩으로 싸서 냉장고에 **2시간** 동안 보관합니다.

오븐을 170℃로 예열해둡니다.

작업대 위에 긴 반죽 3개를 나란히 놓고 1.5cm 크기의 작은 원기둥 모양으로 잘라주세요. 오븐팬을 두 개 준비해서 유산지를 깐 다음, 서로 4cm 정도 간격을 두고 원기둥 모양의 반죽을 세워 놓습니다.

피에르 에르메의 플러스 팁
바닐라 대신 계피, 사프란, 카더몬 등의 향신료를 사용해도 좋아요.

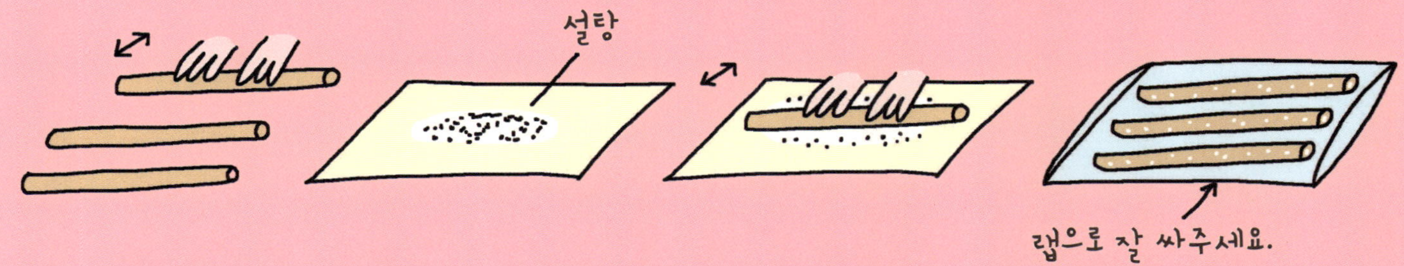

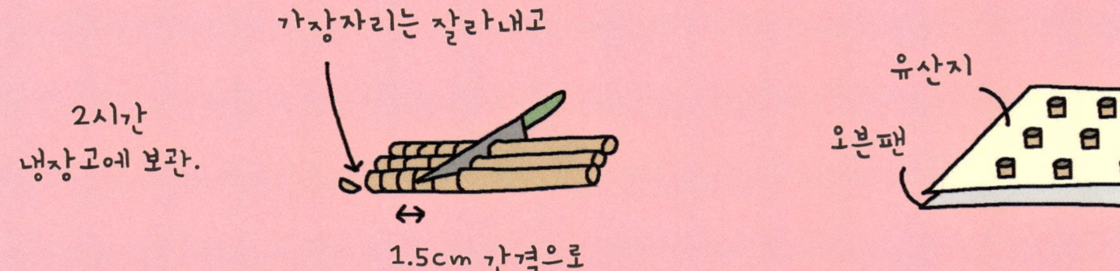

예열한 오븐에 **18분** 구워줍니다. 중간에 한 번 두 개의 오븐팬 위치를 바꿔서 골고루 익게 합니다.
노랑색이 아닌 연한 갈색이 될 때까지 구워주세요. 충분히 구워지지 않으면 날 밀가루 냄새가 난답니다.

피에르 에르메의 플러스 팁

이 사블레를 조각내어 바닐라 슈크림에 넣으면 색다른 질감이 대조를 이루며 의외의 놀라운 맛을
경험할 수 있어요. 저는 케이크 만들 때 이런 "서프라이즈"를 아주 좋아한답니다.

트위스트 파이 Sacristains

준비할 재료

시중에서
판매하는
퍼프 페이스트리
1장

설탕
200g

오븐을 180℃로 예열해둡니다.

퍼프 페이스트리 도우를 폭 3cm로 길게 자릅니다.
브러시로 살짝 물을 앞뒤로 바른 다음
설탕을 골고루 충분히 묻힙니다.

오븐팬에 유산지를 깔아 준비합니다.
반죽을 가운데부터 돌려 꼬아줍니다.
오븐팬에 놓고 양쪽 끝을 잘 눌러 붙여주세요.

중간에 반죽이 너무 물러진다 싶으면 지체없이
냉장고에 넣어주세요. 냉장고에 넣어놓고
긴 스트라이프 반죽을 하나씩 꺼내서 만들어도 좋겠죠.

오븐에 넣고 너무 진한 갈색이 나지 않도록
잘 살펴보면서 **22분** 정도 구워줍니다.

설탕이 캐러멜이 되어
반짝반짝,
만들기도 너무 쉽고, 너무 맛나요.

배 샤를로트 Charlotte aux poires

지름 20cm x 높이 4cm 사이즈의 원형 무스링이 필요해요.

배 조림 재료

물
1 리터

레몬즙
2개분

설탕
500g

바닐라빈
1개

잘 익은 서양배
(Comices, williams*등...
conférence는 비추천)
1.5 ㎏

*Comice, Williams : 프랑스의 배 품종들.
살이 연하고 즙이 많으며 당도가 높고
향이 우수하다.

무스 재료

판 젤라틴
4장

Poire williams
브랜디
(Morand)
7.5g

생크림
200g

설탕
15g

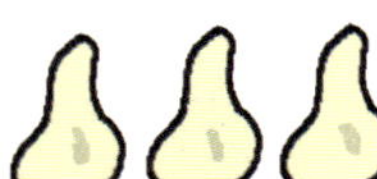
익혀서
건진 배
250g

시럽 재료

물
150g

설탕
100g

Poire williams
브랜디
(Morand)
50g

완성 및 데코 재료

레이디핑거
비스킷
25개

시럽에
조린 밤
200g

피에르 에르메의 플러스 팁

배를 익힐 때 바닐라와 레몬즙을 넣으면 배의 향미가 한층 더 진해집니다.
이 비법은 르노트르에서 배운 것으로, 이 레시피로 아주 맛있는 셔벗을 만들었지요.
6톤이나 되는 엄청난 양의 배의 껍질을 까서 병에 넣는 건 너무도 고된 일이었지만,
그 셔벗의 맛이란 정말….

조리 시작 **20분 전**에 판 젤라틴을 차가운 물을 넉넉히 담은 볼에 담가놓습니다.

배 익히기

물에 레몬즙, 설탕, 길게 잘라서 긁어낸 바닐라빈과 가루를 모두 넣고 끓입니다.
그동안 배의 껍질을 벗겨 반으로 잘라 속을 파냅니다.
배는 미리 껍질을 벗겨놓으면 색이 변하므로, 사용하기 바로 전에 깎아주세요.

냄비를 불에서 내리고 배를 넣은 다음 다시 끓입니다.
끓기 시작하면 불을 아주 약하게 줄여 그 상태로 뭉근하게 **10~15분**간 끓입니다.
칼로 찔러보아 약간 살캉살캉할 정도로 익으면 됩니다. 왜냐하면 불을 끈 상태로
3시간가량 상온에서 서서히 식는 동안에도 시럽 안에서 익는 과정이
계속 진행되기 때문이죠.

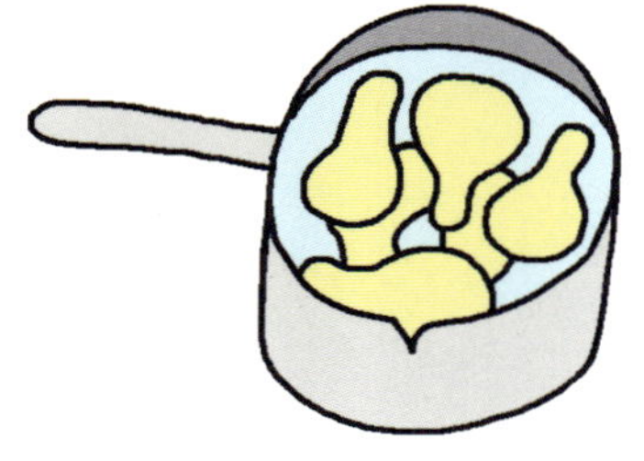

식으면 냉장고에 보관합니다.

무스 만들기

냉장고에 미리 넣어둔 차가운 볼에 생크림을 넣고 거품기로 저어
(자동 믹서를 이용할 때에는 속도를 2로 시작해서 점점 올려 4로 휘핑합니다) 크림 농도가
셰이빙 크림 정도로 될 때까지 거품을 올려줍니다.

배를 시럽에서 건져 250g만 믹서에 갈고 나머지는 보관해둡니다.
간 배에 배 브랜디와 설탕을 넣고 잘 섞어주세요.
젤라틴은 건져 꼭 짜서 준비합니다.

준비된 배 퓌레의 1/4을 냄비에 넣고 데워줍니다. 젤라틴이 녹으려면 60℃까지 온도를
올려야 해요. 계속 저으면서 데워준 다음 불에서 내려 젤라틴을 넣고 녹아 섞이도록
젓습니다. 다 혼합되면 냄비의 내용물을 나머지 배 퓌레 볼에 옮겨 부어주세요.
여기에 휘핑된 크림을 우선 한 큰술만 넣고 실리콘 주걱으로 살살 섞으면서,
준비한 휘핑크림을 조금씩 다 넣어 혼합합니다.

피에르 에르메의 플러스 팁

밤조림을 무화과로 대체해도 좋아요. 무화과를 4등분해서 설탕을 뿌린 뒤
180℃ 오븐에서 15분 구우면 됩니다. 배 브랜디를 사용한 것은 배의 향미를 더 진하게 해주기 때문이죠.

시럽 만들기

냄비에 물과 설탕을 넣고 끓인 뒤, 불에서 내려 40℃가 될 때까지 식힙니다.
볼에 시럽을 담고, 배 브랜디를 넣어 잘 섞어주세요.

케이크 완성하기

오븐팬에 유산지를 깔고 원형 무스링을 놓습니다.
레이디핑거 비스킷의 한쪽 끝을 잘라내고, 무스링 틀 가장자리를 따라 설탕 묻은 쪽이 바깥으로 향하게
빙 둘러 세워 놓습니다.

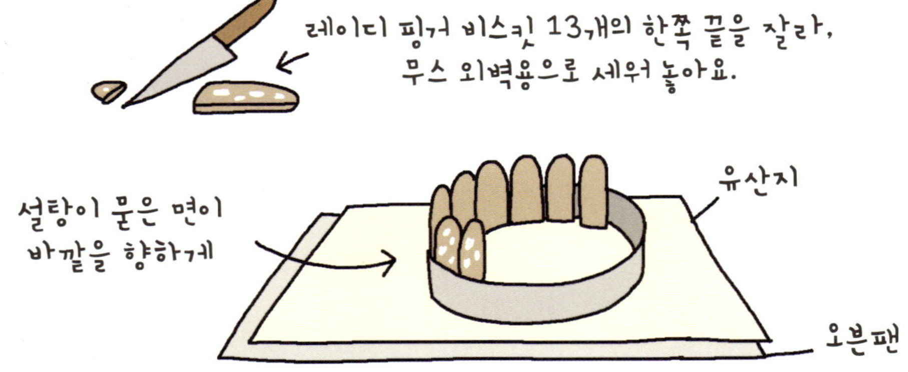

비스킷 6개를 하나씩 차례로 10초간 시럽에 담갔다 뺀 다음, 무스링 틀 바닥에 빈틈없이 꼼꼼히 깔아줍니다.
중간 중간 생긴 빈틈은 비스킷을 잘라서 꼼꼼히 메워야 해요. 준비된 무스의 반을 그 위에 부어주세요.

익힌 배 200g을 준비하여 각각 세로로 길게 3등분한 뒤,
1.5cm 크기로 깍둑썰기해서 무스 위에 골고루 얹어줍니다.

밤조림을 물에 헹궈 시럽을 제거한 다음, 손으로 대충 으깨 4등분해서 배 위에 골고루 뿌리고,
무스에 콕콕 박히도록 손으로 살짝 누릅니다. 그 위에 다시 시럽에 담갔다 뺀 비스킷 6개로 한 층을 깔고,
나머지 무스를 부은 다음 실리콘 주걱으로 매끈하게 정리합니다.

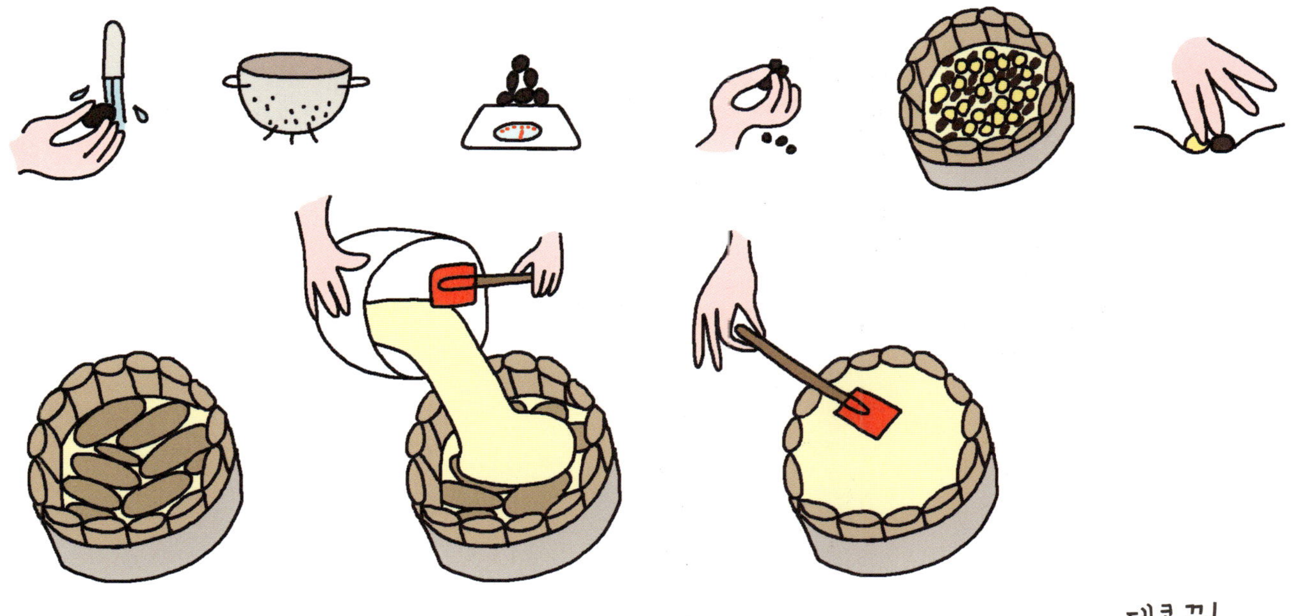

이 디저트는 차갑게 서빙합니다. 냉장고에 **최소 2시간 이상** 보관해주세요.

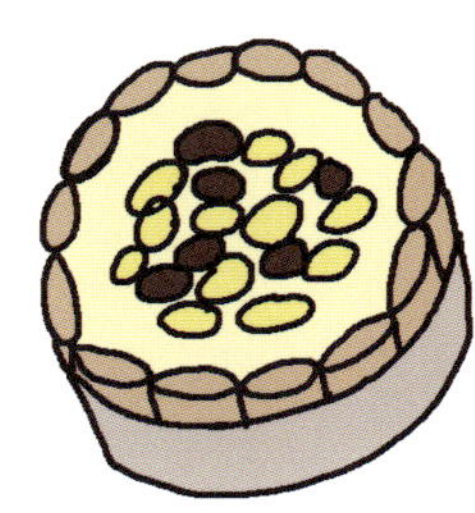

서빙하기 직전에 나머지 익힌 배를 굵직하게 썰어 굳은 무스 위에 장식합니다.
마지막으로 밤조림을 이등분해서 사이사이 얹어 완성합니다.

넘넘 맛나요…

끝내주네요,
셰프!

바바 오 럼 *Baba au rhum*

이틀 전에 준비를 시작합니다.

바바 반죽 재료

생이스트*
30g

*제빵용 생이스트는
잘 밀봉한 상태로
냉장고에서 3주간
보관 가능합니다.

계란
3개

밀가루
(박력분)
200g

설탕
50g

버터
140g
(반죽 시작할
때 냉장고에서
꺼냅니다.)

소금
(fleur de sel)
1/2작은술

시럽 재료

바닐라빈
2개

물
1리터

설탕
500g

파인애플
퓌레
50g

레몬 껍질
2개분

오렌지
껍질
2개분

다크 럼
100g
(높은 퀄리티의 럼)

바바 8개 만들기

바바를 작은 개인 사이즈로 만드는 이유는 몰드 크기가 클수록 구워진 바바를 시럽에 넣고 뒤집기가
어렵기 때문이에요. 그뿐 아니라 바바를 담글 시럽도 큰 용기에 넣어야 하고, 뒤집는 망도 바바 크기에 맞게
큰 걸로 준비해야 하니까 번거롭지요. 그러다 보면 시럽에 적신 바바 모양이 쉽게 망가질 수 있답니다.
6구짜리 실리콘 틀 2개를 준비해주세요.

피에르 에르메의 플러스 팁

보통 베이킹 클래스에서는 바바 반죽의 텍스처를 정확히 이해하기 위해 수작업으로 만든답니다.
20~25분가량 계속 섞어주어야 하는 긴 공정이죠.

바바 반죽 만들기

이틀 전에 준비를 시작해야 합니다.
만들어놓고 랩으로 잘 밀봉해놓으면 냉장고에서 **2~3주까지**
보관 가능하니까, 더 미리 만들어놓아도 좋아요.

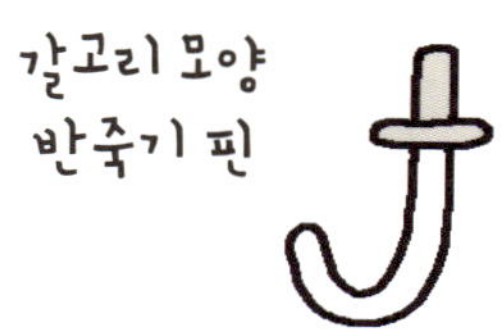

반죽을 만들 때 균일하게 잘 섞기 위해서, 항상 필요한
양보다 약간 넉넉하게 준비한답니다.
자동 믹서에 갈고리 모양의 반죽기 핀을 끼워 준비합니다.
믹싱볼에 잘게 부순 생이스트, 계란 2개, 밀가루, 설탕을 넣고
잘 혼합될 때까지 반죽기를 돌립니다. 균일하게 잘 섞이면 세 번째 계란을
넣어줍니다. 반죽기를 돌리면 열이 발생하면서 반죽에
끈기가 생깁니다. 중간에 한번 정도 기계를 멈추고, 실리콘 주걱으로 반죽기
갈고리 핀과 믹싱볼 바닥에 붙은 반죽을 떼어주면서 **15분간** 반죽합니다.
골고루 섞이면 반죽기 속도를 더 올려서 반죽에 탄력이 생기게 해주세요.
이 상태가 되면 반죽이 더 이상 볼에 달라붙지 않고 떨어집니다.

여기에 소금과, 냉장고에서 바로 꺼낸 차가운 버터를 넣습니다.
중간에 한번 정도 기계를 멈추고, 실리콘 주걱으로 믹싱볼 바닥에
붙은 반죽을 떼어주면서 **10분간** 더 반죽합니다. 믹싱볼 안에서
딸그락 거리는 소리가 나면 거의 반죽이 다 완성된 것으로,
말랑말랑하고 탄력있는 쫄깃한 상태가 됩니다. 여기서 **3분간** 더
돌려줍니다. 하지만 반죽을 너무 치대면 다시 질어질 수 있으니 주의하세요.

오븐을 170℃로 예열해둡니다.

짤주머니에 반죽을 넣습니다. 깍지는 끼우지 않고 사용하는 것이 동그랗게 짜
내기 더 편하답니다. 중간에 멈출 때는 반죽이 흘러내리지 않도록
손으로 잡아 막아주세요. 실리콘 틀 한 칸마다 약 35g 정도의 반죽이
들어가도록 동그랗게 짜 넣습니다(16cm짜리 몰드일 경우에는, 약 160g 정도의
반죽이 들어갑니다). 손을 차가운 물에 적신 후 반죽을 틀 바닥에 잘 눌러 펴고,
실리콘 틀을 작업대 바닥에 탁탁 내리치며 반죽의 공기를 뺍니다.
따뜻한 곳에 두고 발효시킵니다. 반죽이 부풀어 올라 틀의 높이보다
5mm 정도 더 높게 올라오면, 오븐에 넣고 **20분간** 구워줍니다.

오븐에서 틀을 꺼내, 바바를 뒤집어서 다시 **5분간** 구워주세요.
상온에서 **48시간** 건조시킵니다.

시럽 만들기

시럽도 **이틀 전에** 미리 만들어놓으면 좋아요.

바닐라빈을 세로로 갈라 안에 있는 바닐라빈 가루를 칼끝으로 긁어냅니다.
냄비에 물, 설탕, 파인애플, 레몬 껍질, 오렌지 껍질, 바닐라빈을 긁어낸 가루와 껍질 등 럼주를 제외한 모든 재료를
넣고 **5분간** 끓입니다.

불에서 내린 냄비에 럼주를 넣고 잘 섞은 다음 랩으로 덮어줍니다.
상온으로 식으면 냉장고에 넣고, **최소 하룻밤 이상** 보관합니다.

피에르 에르메의 플러스 팁

될 수 있으면 전통 방식으로 만든 고급 올드 다크 럼을 사용하세요.
특히 바바를 만들 때는, 대량으로 생산하는 싸구려 럼주는 절대 사용하지 않는 게 좋아요.
그리고 꼭 차갑게 드셔야 해요. 따뜻한 바바 오 럼은 정말 먹기 힘들거든요.
알코올 냄새만 강하게 나는 아주 역겨운 맛이랍니다.

다음 날

시럽을 55℃로 데웁니다.

데운 시럽을 망에 걸러 레몬 껍질과 오렌지 껍질, 바닐라빈 껍질을 걸러냅니다.

먹기 **5시간 전에** 바바를 시럽에 담가, 한 면에 5분씩 시럽이 스며들게 합니다.
쏙 들어간 구멍이 있는 면을 아래쪽으로 하여 먼저 담가주세요. 시럽에 담그는 시간은
바바가 얼마나 건조한가에 따라 달라져요. 만든 지 며칠 안 됐으면 10분, 더 오래전에 만들어놓았으면
담그는 시간도 더 길게 해야겠죠. 시럽은 따뜻해야 합니다. 중간에 식으면 데워주며 사용하세요.

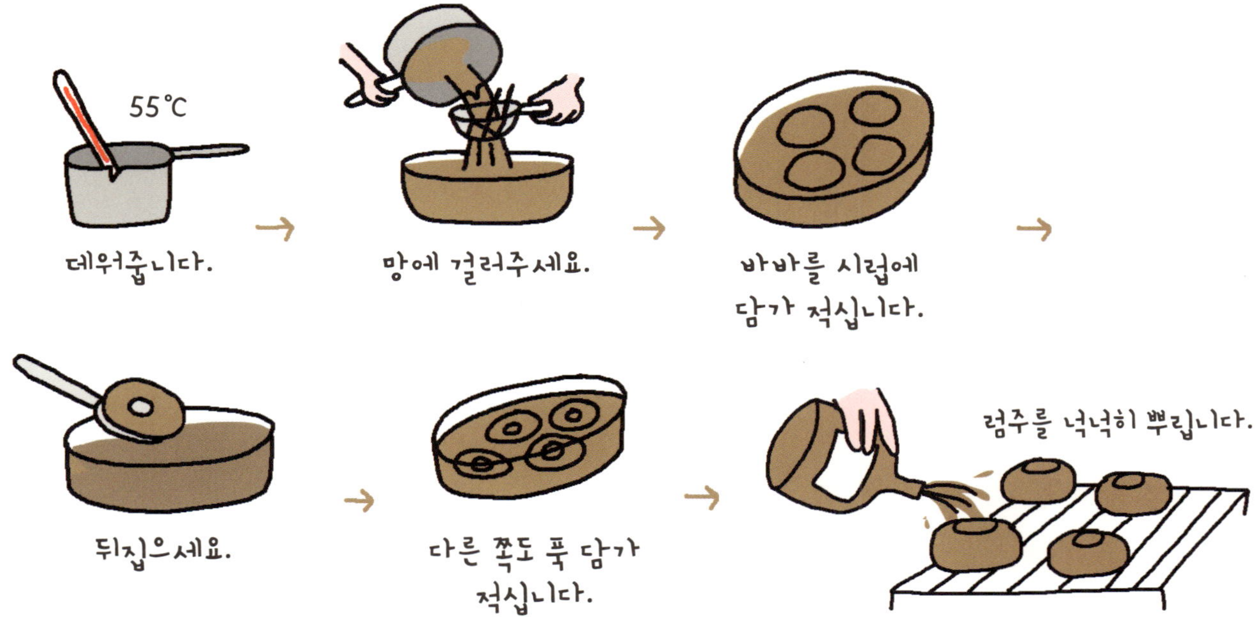

바바의 크기에 알맞은 구멍 뚫린 국자나 망을 이용하여, 모양이 망가지지 않도록 조심하며 바바를 뒤집습니다.
통통하게 부풀어 오르면 건져내 망 위에 올려놓습니다.

먹기 직전에 다크 럼을 넉넉히 뿌려주세요.

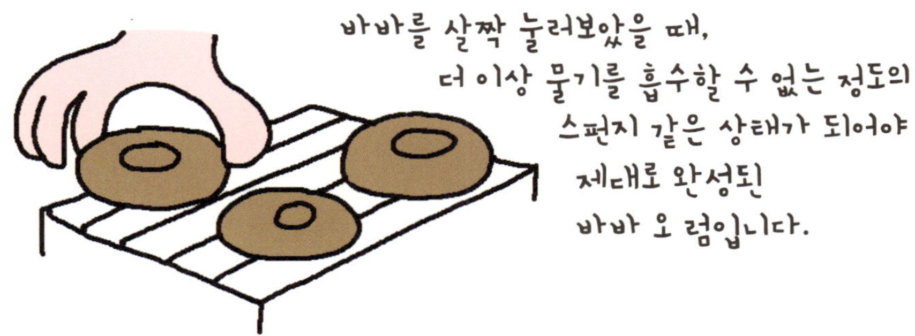

샹티이 크림 *Chantilly nature ou chocolat*

플레인 샹티이 크림 재료

생크림
400g

설탕
30g

초콜릿 샹티이 크림 재료

카카오 70%
다크초콜릿
340g

생크림
350g

설탕
15g

플레인 샹티이 크림 만들기

믹싱볼에 차가운 생크림과 설탕을 넣고 거품을 올립니다.
너무 단단하게 거품을 올리지 말고, 거품 낸 후 볼을 뒤집어 보았을 때 크림이 떨어지지 않고
볼에 붙어 있는 정도로 휘핑해주면 됩니다.

짤주머니에 별모양 깍지를 끼우고 크림을 넣어, 바바 위에 바바 두께보다 더 높게 장미 모양으로 돌려 짜 줍니다.

초콜릿 샹티이 크림 만들기(하루 전에 준비)

초콜릿을 굵직하게 부숴 볼에 넣고, 중탕으로 반 정도 녹입니다.

크림에 설탕을 넣고 끓입니다. 뜨거운 크림의 1/3을 초콜릿에 붓고, 30초 정도 기다린 후에
실리콘 주걱으로 섞어주세요.

크림의 두 번째 1/3을 넣고 잘 섞은 다음, 마지막 남은 크림을 다 넣고 전체를 섞습니다. 자동 믹서로 혼합해도
좋아요. 잘 섞은 뒤 랩을 크림 표면에 닿게 덮어 냉장고에 **하룻밤** 보관합니다.

냉장고에서 두었다 꺼낸 차가운 믹싱볼에 차가운 초콜릿 샹티이 크림을 넣고 아주 천천히 거품을 올립니다.
단단하지 않은 부드러운 텍스처로 거품을 올려준 후, 굵은 별모양 깍지를 끼운 짤주머니에 넣고 바바 위에
바바 두께보다 더 높게 장미 모양으로 돌려 짜 주세요.

피에르 에르메의 플러스 팁

초콜릿 샹티이 크림을 바바 옆에 곁들여, 숟가락으로 떠 먹을 수 있게 서빙하기도 합니다.
"크렘 몰레트(crème molette)"라고 하지요.

그라놀라 Granola

준비할 재료

피스타치오
35g

피칸
40g

껍질 벗긴
아몬드
90g

아카시아꿀
150g

바닐라빈*
3개

호박씨
(무염)
45g

해바라기씨
100g

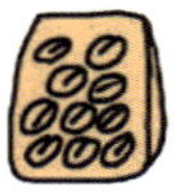

오트밀
250g

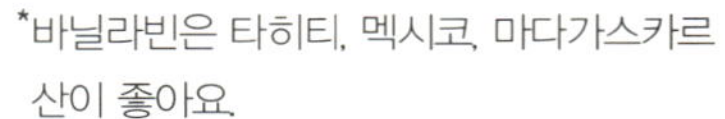

*바닐라빈은 타히티, 멕시코, 마다가스카르
산이 좋아요.

오븐팬에 피스타치오, 피칸, 아몬드를 펼쳐 넣고
150℃ 오븐에서 **15분간** 로스팅합니다.
아몬드는 **5분** 더 둡니다.

냄비에 꿀, 속을 긁은 바닐라빈 가루와 껍질을 모두 넣고 데웁니다.

꿀이 묽어지기 시작하면 불에서 내리고, 호박씨와 해바라기씨,
오트밀을 넣어 섞어주세요.

오븐팬에 유산지를 깔고, 섞은 꿀과 견과류를 잘 펴준 다음 150℃ 오븐에서
20분간 구워줍니다. 골고루 구워지도록 **5분마다** 뒤적여 섞어주세요.
다 익으면 꺼내 손으로 알갱이를 떼어내 분리합니다.
꿀이 캐러멜이 된 상태입니다.

피스타치오, 피칸, 아몬드를 굵직하게 다져 위의 혼합물에 섞어줍니다.
바닐라빈 껍질을 제거해주면 나의 그라놀라 완성.

이 그라놀라는 밀폐용기에 넣어
상온 찬장에 두고 3개월간 먹을 수 있답니다.

피에르 에르메의 플러스 팁

저는 요구르트나 우유에 그라놀라를 섞고, 코르시카 산 벌꿀, 망고 슬라이스, 약간 으깬 라즈베리를
곁들여 먹는 걸 좋아합니다. 각자 원하는 취향에 따라 넣어서 먹을 수 있죠.

생일 케이크 Gâteau d'anniversaire

스펀지케이크 재료 (3개)

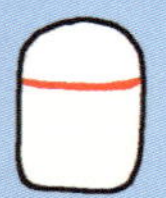   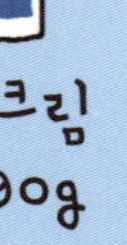   

밀가루 450g · 베이킹 파우더 10g · 생크림 290g · 설탕 650g · 레몬 껍질 8개분 · 계란 8개 · 올리브오일 (프로방스 혹은 이탈리아산) 190g · 라즈베리 350g

3개의 원형 무스링:
지름 14cm, 20cm, 28cm짜리 각각 1개씩

버터크림 재료

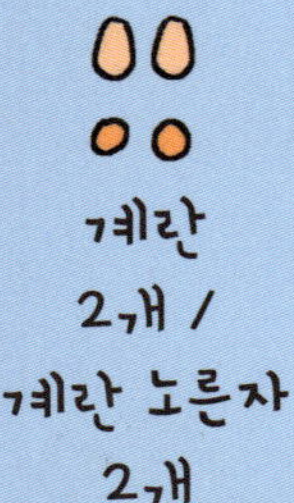   

계란 2개 / 계란 노른자 2개 · 버터 250g · 물 50g · 설탕 140g

데코레이션 재료

 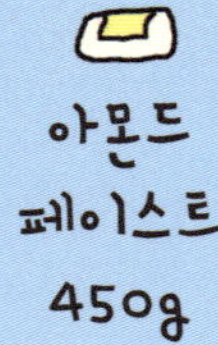 

아몬드 페이스트 450g · 붉은색 마카롱 코크 20개 · 프레시 라즈베리 15개

스펀지케이크 만들기

오븐을 170℃로 예열해둡니다.

밀가루와 베이킹파우더를 체에 쳐서 준비하세요.

자동 믹서로 생크림 거품을 올립니다.
단단하지만 너무 되지는 않을 정도가 되면 멈춥니다.

아래 과정을 두 번에 걸쳐 합니다.
믹싱볼에 설탕과 레몬 껍질을 넣고 섞어서 레몬 껍질의 에센스 오일이
잘 추출되게 하세요. 향이 아주 좋답니다. 여기에 계란을 넣고,
가장 빠른 속도로 거품기를 돌립니다. 마시는 요구르트 정도의 농도가 되면,
계속 돌리면서 올리브오일을 조금씩 흘려 넣습니다.
마요네즈 만드는 방법과 비슷하죠. 두 볼의 재료를 한데 섞은 뒤,
밀가루와 베이킹파우더를 넣고 실리콘 주걱으로 살살 돌리며 섞어주세요.
마지막으로 휘핑해 놓은 생크림을 넣고 마찬가지로 아주 살살 섞으면 됩니다.

피에르 에르메의 플러스 팁

올리브오일을 사용하면 녹인 버터를 사용했을 때보다
스펀지케이크의 촉감이 훨씬 더 부드러워진답니다.

무스링을 사용할 때는 안쪽에 버터를 바르고,
바닥이 있는 원형 몰드를 사용할 때에는
버터를 바른 다음 밀가루를 묻혀주세요.

각각의 틀에 스펀지 반죽을 반씩 채웁니다.
그 위에 밀가루에 살짝 굴린 라즈베리를
고루 놓아주세요. 제일 작은 틀에
라즈베리 50g(14개 정도), 두 번째 틀에
100g(20개), 가장 큰 틀에 200g(28개)을 넣고
다시 반죽을 부어 덮습니다.

14cm 틀의 케이크는 오븐에서 **40분**, 20cm 틀은
5분 더, 28cm 틀은 **또 5분 더** 구워주세요.

칼을 넣었다 뺄 때 아무것도 묻지 않고 깨끗하게
나오면 완성된 거예요.

버터크림 만들기

믹싱볼에 계란을 넣고 빠른 속도로 돌려 거품을 냅니다.

냄비에 물과 설탕을 넣고 약불로 시작해서, 끓기 시작하면 불을 세게 올립니다.
시럽에 온도계를 꽂고 끓이다가 120℃가 되면 불을 끕니다.
이 시럽을 계란 거품 올린 볼 안쪽벽을 따라 흘려 넣어줍니다.
자동 믹서의 거품기핀에 직접 묻으면 돌리는 동안 혼합물이 튀어나가기 때문이죠.
잘 섞으면서 식을 때까지 기다렸다가 계속 거품기를 돌려가며 버터를 넣습니다.
버터와 섞은 상태로 계속 거품을 올려주면 처음에는 약간 알갱이 입자가 있는
거친 텍스처에서 점점 매끈하게 변합니다.

스펀지케이크가 다 구워지면 틀에서 분리해 식힘망 위에
뒤집어 놓아 식힙니다. 상온의 온도가 되면 스펀지케이크에 버터크림을
발라줍니다. 마지막 마카롱 장식할 때 붙이는 용도로 버터크림이 필요하니
조금 남겨두세요.

케이크를 냉장고에 넣어 크림을 굳힙니다.

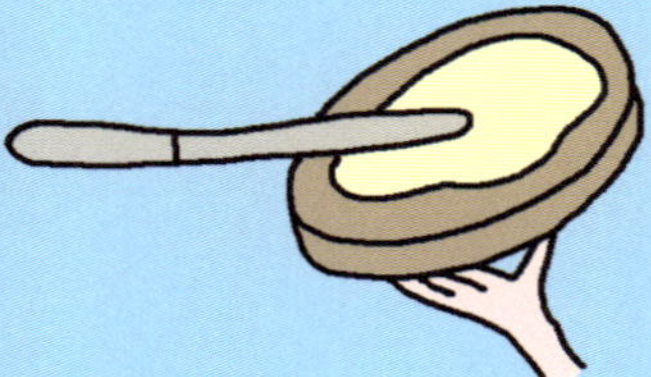

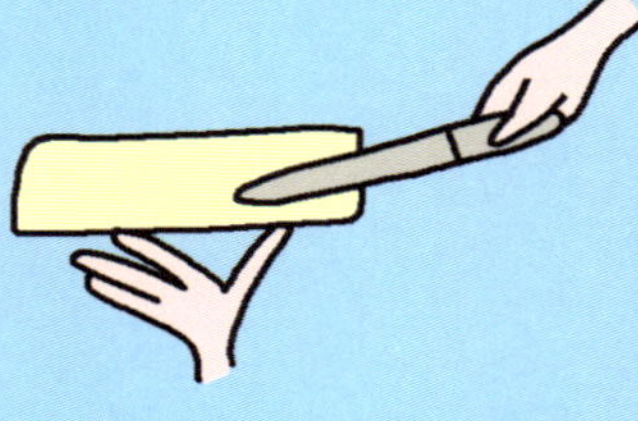

피에르 에르메의 플러스 팁

케이크 밑에 딱딱한 종이받침을 깔면 크림을 바르기도 더 좋을 뿐 아니라,
각 층층마다 종이받침을 깐 상태로 3층을 쌓으면, 자를 때도 훨씬 수월하답니다.

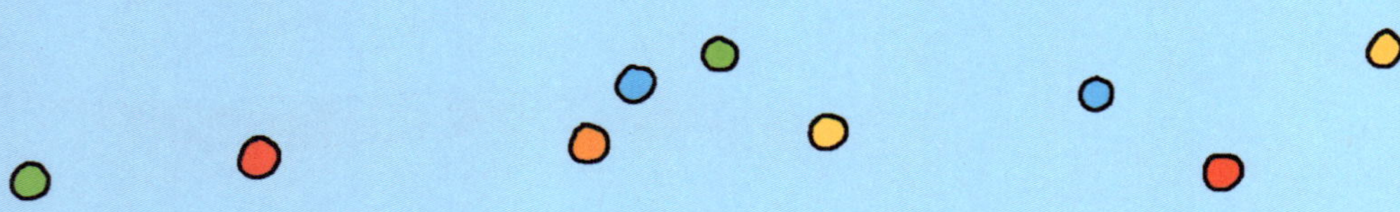

자, 이제 스펀지케이크 겉면을 아몬드 페이스트로 덮는 과정입니다.

페이스트를 손으로 균일하게 잘 반죽해 뭉쳐서 둥그렇게 만든 다음
밀대로 밀면 훨씬 더 매끈하게 만들 수 있습니다. 작업대에 옥수수 전분을
살짝 뿌리고 밀대로 밀어 펴줍니다. 바닥에 좀 붙는다 싶으면 다시
옥수수 전분을 뿌리고, 반죽을 90도씩 돌려가며,
네 방향 골고루 균일하게 펴 밀어줍니다.

세 장의 아몬드 페이스트를 각 사이즈별로 24cm짜리는 14cm짜리 케이크에, 28cm짜리는 20cm 케이크에,
가장 큰 36cm짜리는 28cm 케이크에 놓고 덮어씌웁니다.

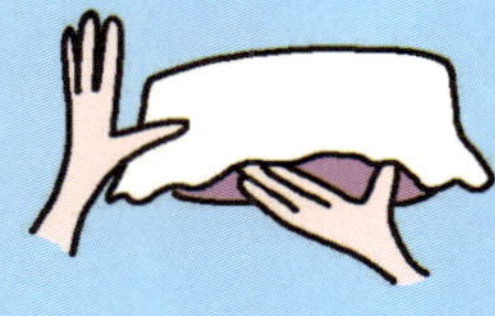

케이크에 잘 씌우기 위해서 우선 윗면을 손으로 살살 눌러 매끈하게 붙이고, 내려오면서 살짝 눌러가며
옆면을 붙여줍니다. 스패출라로 매끈하게 마무리 한 다음, 남는 부분은 페이스트가 떨어지지 않도록
케이크 아랫면 안쪽으로 밀어 넣으면서 칼로 깨끗하게 잘라냅니다. 손으로 동그랗게 아랫면을 마무리한 뒤,
이제 케이크 3개를 쌓아 올립니다.

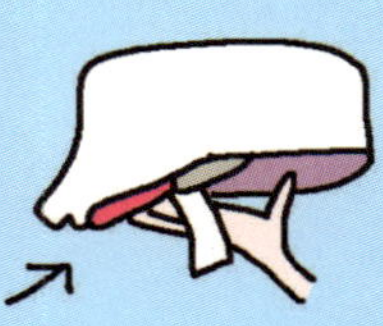

마카롱 코크(p.105)에 버터크림을 조금 발라
케이크 옆면에 붙여 장식합니다.

마카롱 사이 사이에 라즈베리를 붙이면 완성입니다.

고난도의
베이킹 레시피 도전

몬테벨로 Montebello

잠깐만요!!!
미리 말씀드리지만, 이 레시피는 쉽지 않답니다. 과정이 복잡하니까 인내심을 갖고 도전해보세요.
인내심이 없는 분들을 위한 희소식! 몬테벨로는 6월말부터 9월초까지 판매된다는군요.

다쿠아즈 비스킷 재료

머랭과 아몬드를 주재료로 한 비스킷 반죽입니다.

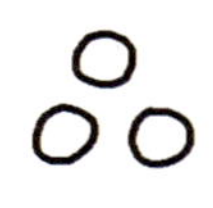 계란 흰자
3개분

 설탕
25g

 로스팅한
피스타치오
15g

 슈거파우더
70g

 아몬드가루
60g

 향이 가미된
피스타치오 페이스트
10g

무슬린 크림 재료(버터크림 + 페이스트리 크림)

아래 준비한 재료의 양이 물론 다 필요하진 않지만, 냄비에 넣고 거품기로 섞을 때 고르게 잘 혼합되도록
넉넉한 양을 준비합니다.

페이스트리 크림 재료   crème pâtissière

 우유
250g

 바닐라빈
1/2 개

 설탕
30g

 계란 노른자
3개분

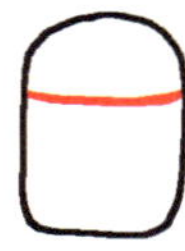 밀가루
25g

 버터
25g

버터크림 재료   crème au beurre

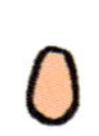 계란
1개

 계란
노른자
1개분

 물
25g

 설탕
70g

 버터
125g

 플레인
피스타치오
페이스트
17g

향이 가미된
피스타치오
페이스트
17g

데코레이션 재료

딸기   500g    혹은 라즈베리   300g 

이 레시피는 딸기(gariguette 종)나, 야생딸기(mara des bois)가 한창 달고 맛있는 계절인
7월~ 9월 중순이 만들기에 가장 좋아요.

다쿠아즈 비스킷 만들기

피스타치오를 오븐팬에 펼쳐놓고 150℃ 오븐에서 **12분간** 로스팅합니다.

계란 흰자를 믹싱볼에 넣고, 너무 빠르지 않은 속도로 거품을 올립니다.
설탕을 조금씩 조금씩 넣어가며 거품을 올려서 거품 끝 모양이
새부리 모양이 되면 멈춥니다.

피스타치오를 깍지(10호)로 짤 때 걸리지 않을 정도로 잘게 다집니다.

슈거파우더, 아몬드가루와 다진 피스타치오를 잘 섞어줍니다.

볼에 피스타치오 페이스트를 넣고 잘 으깹니다. 거품 낸 계란 흰자 1큰술을 넣고
잘 개어준 다음, 나머지 계란 흰자에 넣고 거품이 꺼지지 않게 조심하며 살살 섞어주세요.

슈거파우더, 아몬드가루, 다진 피스타치오 믹스를 세 번에 나누어 넣고 섞어줍니다.
비스킷 반죽이 흐르지 않을 정도의 되직한 농도가 됩니다.

오븐을 170℃로 예열해둡니다.

21cm짜리 원형 무스링 틀 안쪽에 버터나 기름을 바른 뒤, 유산지를 깔아놓은 오븐팬 위에 놓습니다.
유산지를 길게 띠 모양으로 잘라 틀 안쪽에 둘러 붙입니다.

짤주머니에 둥근 깍지(10호)를 끼우고 반죽을 채운 다음, 무스링 가운데부터 시작해 달팽이 모양으로 짜 줍니다.
마지막으로 작은 동그라미 모양으로 짜서 가장자리를 빙 둘러주세요. 슈거파우더를 뿌린 뒤 상온에 **15분간** 둡니다.
다시 슈거파우더를 뿌린 후 오븐에 넣어 **30분간** 구워줍니다.
베이지색 무늬가 박힌 연두색의 예쁜 다쿠아즈가 완성됐네요.
식힌 다음 무스링 틀과 유산지 테두리를 제거합니다.

페이스트리 크림 만들기 La crème pâtissière

냄비에 우유와 길게 잘라 칼 끝으로 긁은 바닐라빈과 껍질을 모두 넣습니다.
우유가 타는 것을 막기 위해 설탕은 분량의 1/4만 넣고 끓입니다.
끓기 시작하면 불을 끄고, 냄비를 랩으로 덮은 뒤 **30분간** 두어
바닐라 향이 잘 우러나도록 합니다.

데우고 끓이는 동안 거품기로 계속 저어주는 게 중요해요.

볼에 계란 노른자와 나머지 설탕을 넣고, 노른자가 삭지 않도록
거품기로 얼른 섞어 흰색이 될 때까지 저어줍니다.
밀가루를 조금씩 넣으며 거품기로 계속 섞어주세요.
우유를 체에 걸러 바닐라빈 껍질을 제거하며 부어줍니다.
바닐라빈 껍질을 눌러가며 가루를 최대한 많이 추출합니다.
모든 재료를 잘 저어 혼합한 뒤 다시 냄비에 부어줍니다.

데우고 끓이는 동안 거품기로 계속 저어주는 게 중요해요.

계속 젓지 않으면 크림이 바닥에 눌어붙어요.

끓기 시작하면 얼른 불을 약하게 줄이고, 걸쭉한 농도가 되도록 약 **2분간** 끓입니다.

잘 저어주세요.

끓인 크림의 온도가 식어 60℃가 되면 버터를 넣습니다.
더 온도가 낮으면 버터가 분리되지 않고 버터 자체의 텍스처를
그대로 유지합니다. 온도가 60℃인 상태에서 버터는 잘 분리되어
섞이므로 페이스트리 크림과 하나가 됩니다.

완성된 크림을 용기에 담고 랩을 크림 표면에 밀착되게 덮은 뒤
냉장고에 보관합니다.

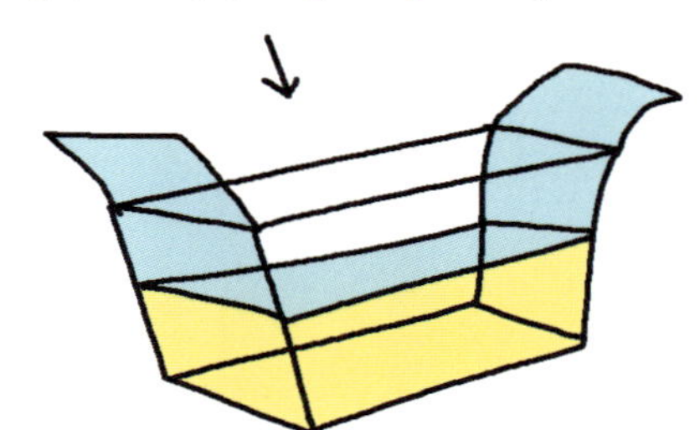

피에르 에르메의 플러스 팁

이 레시피에서는 두 가지의 피스타치오 페이스트를 사용합니다.
하나는 플레인 피스타치오 페이스트이고, 다른 하나는 피스타치오에 통카 빈, 비터 아몬드를 섞어
향미를 넣은 페이스트죠. 그냥 플레인 피스타치오 페이스트 한 가지만 사용하는 것보다
훨씬 더 맛과 향이 깊어진답니다.

버터크림 만들기 La crème au beurre

상온에 둔 계란을 믹싱볼에 넣고 거품기로 빠르게 저어줍니다.

냄비에 물과 설탕을 넣고 약한 불에서 시럽을 만듭니다.
설탕 결정이 녹고 끓기 시작하면 불을 세게 높여주세요.
온도계를 꽂고 끓이다가 120℃에 도달하면 불에서 내립니다.

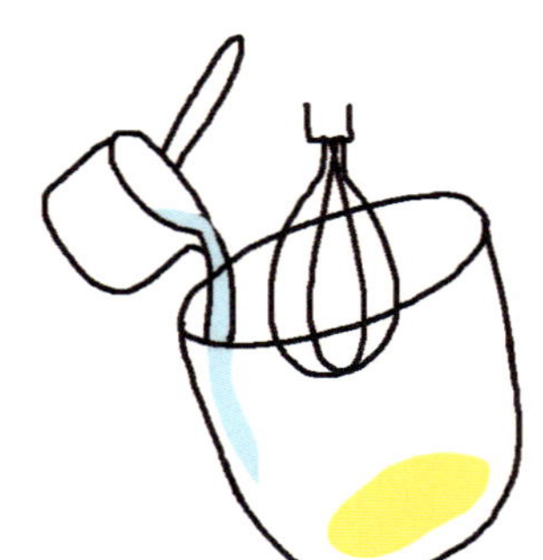

이 시럽을 계란 거품이 올려진 볼 안쪽 벽을 따라 흘려 넣습니다.
자동 믹서의 거품기에 직접 묻으면 돌리는 동안 혼합물 밖으로
튀어나갈 수 있기 때문이죠. 잘 혼합해주면서 식을 때까지 기다렸다가,
계속 거품기를 돌려가며 버터를 넣습니다. 버터와 섞은 상태로 계속 돌려주면
처음에는 약간 알갱이 입자가 있는 거친 텍스처에서 점점 매끈하게 변합니다.

무슬린 크림 만들기 La crème mousseline

위의 볼에 두 종류의 피스타치오 페이스트를 넣고, 버터크림과 잘 섞습니다.
또 다른 볼에 페이스트리 크림을 넣고 매끈하게 될 때까지 거품기로 저어줍니다.
매끈해진 페이스트리 크림 75g을 첫 번째 볼에 넣고 계속 빠르게 섞어주세요.
(크림이 남으면 그냥 먹어도 되고, 냉장고에 보관해두어도 괜찮습니다.
페이스트리 크림은 냉장고에서 3일 정도 보관이 가능하지만,
냉동실에 넣으면 질감이 변하기 때문에 적합하지 않아요.)

자, 이제 무슬린 크림 완성!

짤주머니(둥근 깍지 10호)를 이용해, 무슬린 크림을 달팽이 모양으로 만들어
식힌 다쿠아즈 비스킷 위에 비스킷 높이 만큼 짜 넣고 펴 발라주세요.
아니면 실리콘 주걱을 사용해 펴 발라도 됩니다.
가운데 부분이 조금 더 높이 올라오도록 해주세요.

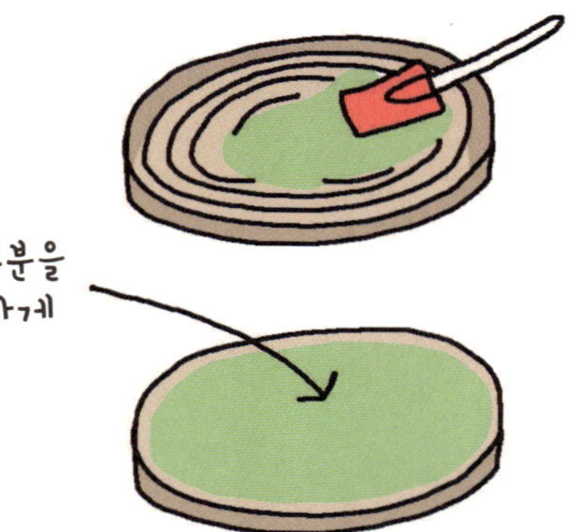

데코레이션 완성하기

가능한 한 딸기를 씻지 않고 꼭지를 딴 후 세로로 이등분합니다
(씻으면 모양이 망가질 뿐 아니라 케이크에 수분이 들어가니까요).
만일 씻어서 사용할 경우에는 꼭지를 따기 전에 씻어야
딸기에 수분에 들어가는 것을 막을 수 있답니다.
딸기를 케이크 위 바깥쪽부터 뾰족한 면이 위로 향하게 놓습니다.
너무 누르지 말고 살짝 얹으세요. 크림이 너무 소프트해져 딸기가
크림 속으로 박히는 듯하면 케이크를 냉장고에 잠깐 넣었다가 다시 계속합니다.
라즈베리를 사용할 때는 안쪽에 곰팡이가 나지 않았는지 잘 살펴봐 주세요

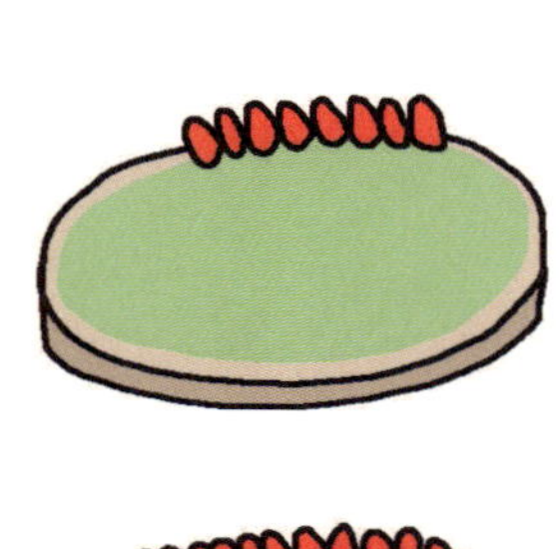

피에르 에르메의 플러스 팁

주로 꽃에서 시럽을 채취하는 엘더베리 젤리를 추가해도 좋아요.
딸기 몬테벨로는 만든 날 다 드시는 게 좋습니다. 딸기가 금방 상하니까요.
라즈베리 몬테벨로는 다음 날까지 보관하실 수 있습니다.

나를 반겨주는
귀요미 딸기들…
예쁜이 안녕!
죽음이야…
완전 세련된
이 맛.
추릅
추릅

캐러멜 마카롱 Macarons au caramel

하루 전에 준비합니다.

머랭 재료

물
30g

설탕
125g

계란 흰자
2개분

마카롱 비스킷 반죽 재료

계란 흰자
2개분

노란색
식용색소
5방울

슈거
파우더
125g

커피
엑스트랙트
5g

아몬드
파우더
125g

크림 재료

설탕
125g

생크림
100g

가염버터
20g

버터
20g

마카롱 비스킷 반죽 만들기

우선 머랭을 만듭니다. 냄비에 물과 설탕을 넣고, 온도계를 꽂아 살살 저어주면서
온도가 121℃가 될 때까지 끓입니다.

너무 빠르지 않은 속도로 계란 흰자 거품을 올려줍니다.
시럽을 믹싱볼 가장자리로 흘려 넣어 거품 올린 계란 흰자에 섞고, 다시 거품기로 **5분간** 돌려줍니다.

볼에 계란 흰자, 식용색소, 커피 엑스트랙트를 넣고 잘 섞어 반죽을 준비합니다.
또 다른 볼에 아몬드가루와 체에 친 슈거파우더를 넣고 잘 섞은 다음, 계란 흰자에 부어 혼합합니다.

볼에 붙어 있을 정도로 매끈하게 거품 올린 계란 흰자는 식힌 다음, 반죽에 합쳐 가운데에서 바깥쪽으로
살살 잘 섞어줍니다. 실리콘 주걱으로 다시 세게 잘 섞어서 윤기있는 반죽을 만듭니다.

볼 바닥에 실리콘 주걱으로 금을 그어 갈라 보았을 때, 혼합된 반죽0 천천히 다시 흘러 합쳐지고,
또 주걱으로 반죽을 떠올렸을 때 걸쭉한 농도로 올라오면 완성된 상태입니다.

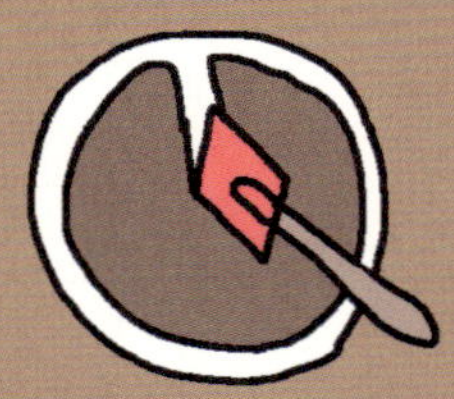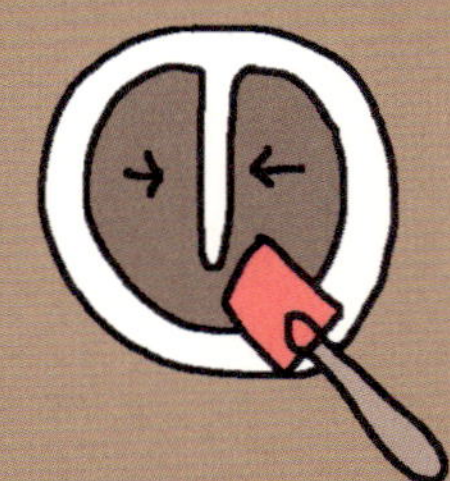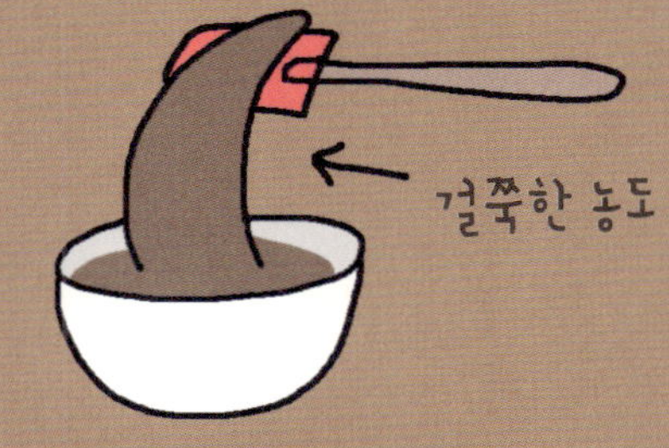

마카롱 코크 만들기

오븐을 160℃로 예열해둡니다.

짤주머니에 둥근 깍지(10호)를 끼우고 반죽을 넣습니다.

유산지에 작은 컵이나 원형 쿠키 커터 등을 사용해 3.5cm 크기의 원을 4cm 간격을 두고 그린 후,
오븐팬에 깔아줍니다.

 **자, 이제 제일 까다로운 과정입니다.**

그려놓은 원의 가운데부터 시작해서 반죽을 짜는데요, 가장자리 선에 닿으면 얼른 위쪽으로 반바퀴 돌리면서
반죽짜기를 멈춥니다.

여기서 중요한 팁 하나! 원 안에 반죽을 모두 짜 넣은 다음에, 한 손으로 오븐팬을 들고 다른 한 손바닥으로 팬 바닥을
살짝 쳐줍니다. 그러면 반죽이 3.5cm짜리 원에서 약간 퍼져 4.5cm 정도가 됩니다.

이 상태에서 팬을 주방 한쪽에 두고, 만져보아 표면이 묻어나지 않을 정도로 굳을 때까지 건조시킵니다.

손으로 만져볼 때는 물론 누르는 것이 아니고, 살짝 조심스럽게 손가락을 대보아야 하겠죠.
마카롱은 아주 약하고 예민하니까요.

손에 묻어나지 않으면, 오븐에 넣어 **15분간** 구워줍니다. 오븐마다 미세한 차이가 있으므로,
구워지는 동안 계속 체크해주세요.

크림 만들기

물을 넣지 않은 드라이 캐러멜을 만듭니다. 맛이 훨씬 좋아요.

큼직한 냄비에 설탕 1큰술을 넣고 중불에서 잘 저으며 녹여줍니다.
녹으면 설탕을 조금씩 추가하면서 다시 저어 녹이고, 녹으면 또 설탕을 넣는 과정을
인내심을 갖고 반복합니다. 계속 저어주는 것을 잊지 마세요.

하얀색 작은 점이 보이고 작은 기포가 올라오기 시작하면 불을 줄이고,
가염버터를 넣습니다. 동시에 또 다른 냄비에 크림을 데웁니다.
약한 불로 데워야 크림이 끓어 넘치지 않아요.
캐러멜의 가염버터가 녹으면, 크림을 조금씩 조금씩 넣어가며 섞어줍니다.
거품이 일어나니까 조심하세요. 온도가 106℃가 될 때까지 **1분 정도** 계속 저으며
익혀줍니다.

불에서 냄비를 내리고 파이렉스 용기에 옮겨 부어 크림이 더 이상 뜨거워지지 않게 합니다.
상온에서 식힌 후 냉장고에 넣어 **3시간** 보관합니다. 왜냐하면 뜨거운 크림을 버터에 섞으면
버터가 녹을 뿐, 거품을 올릴 수가 없기 때문이죠.

냉장고에서 꺼낸 캐러멜크림을 볼에 넣고 버터와 혼합합니다.
자동 믹서의 거품기로 돌려줍니다. 손으로 거품내기는 힘들어요.

여기까지 혼합된 크림 상태가 그리 입맛을 돋우는 비주얼은 아니에요.
계속 거품기로 돌려서 공기를 주입해 뭉침이 없도록 합니다.

버터크림이 완성되면 믹싱볼 가장자리에 붙게 되고, 밝게 윤기를 띤 흰색이 됩니다.

마카롱 코크가 다 구워져 상온으로 식으면. 뒤집어서 물로 살짝 스프레이합니다.

이렇게 해주면 촉촉하게 습기를 주어 크림과 샌드할 때 더 잘 붙어요.

샌드의 뚜껑으로 쓰일 코크 반은 따로 놓아두고, 둥근 깍지(12호)를 끼운 짤주머니에 크림을 넣어,
코크 가운데 동그랗게 짜 줍니다. 코크 뚜껑을 덮어 크림이 가장자리까지 오도록 살짝 누릅니다.
냉장고에 **24시간** 보관한 뒤 다음 날 먹습니다.

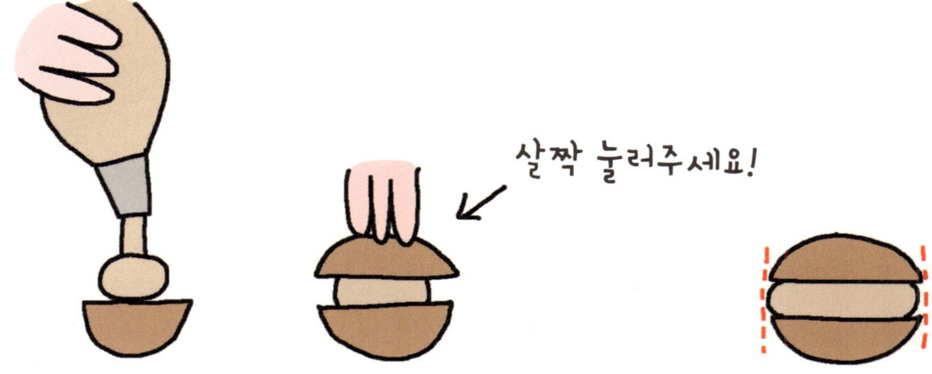

마카롱은 밀폐용기에 담아 6일간 냉장보관이 가능합니다.

먹기 **2시간** 전에 냉장고에서 꺼내 놓는 것 잊지 마세요.

올리브오일 마카롱 *Macarons à l'huile d'olive*

마카롱 35개분

마카롱 비스킷 반죽 재료

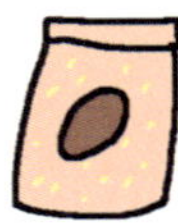

아몬드
가루
125g

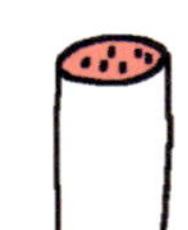

슈거파우더
125g

계란 흰자
2개분

녹색
식용색소
5방울

머랭 재료

계란
흰자
2개분

설탕
125g

물
30g

크림 재료

생크림
100g

바닐라빈
1/2개

화이트 초콜릿
225g

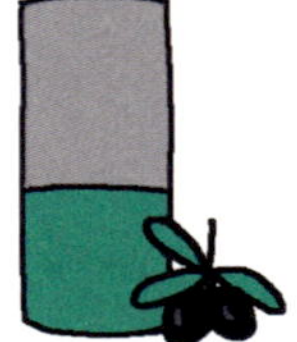

향이 좋은
올리브오일
(프로방스산
첫 번째 압착유)
50g

씨를 제거한
그린 올리브
100g

코크 비스킷 준비하기

캐러멜 마카롱 레시피(p.105)를 참고하세요.
식용색소만 녹색으로 바꾸고, 커피 엑스트랙트는 넣지 않습니다.

크림 만들기

초콜릿을 전자레인지에 돌려 녹입니다(450W에서 **4분간**).

냄비에 생크림, 긁어낸 바닐라빈 가루와 껍질을 모두 넣고 약한 불에 올립니다.
끓기 시작하면 불을 끄고 내려 랩으로 잘 덮은 뒤 **30분간** 바닐라 향이
잘 우러나도록 둡니다.

다시 냄비를 불에 올려 크림을 데웁니다.
데운 크림을 망에 거르며 바닐라빈 껍질을 제거하면서,
우선 조금만 초콜릿에 붓고, 거품기로 잘 섞어줍니다. 나머지 크림을 두 번에
나누어 부어 혼합합니다. 그리고 올리브오일을 조금씩 흘려 넣어주며
계속 휘핑하듯 잘 섞어주세요. 그러면 마요네즈와 같은 텍스처가 됩니다.
냉장고에 **1시간** 정도 넣어두어 굳힙니다.

크림을 냉장고에서 꺼내 상온에 **1시간** 둡니다.

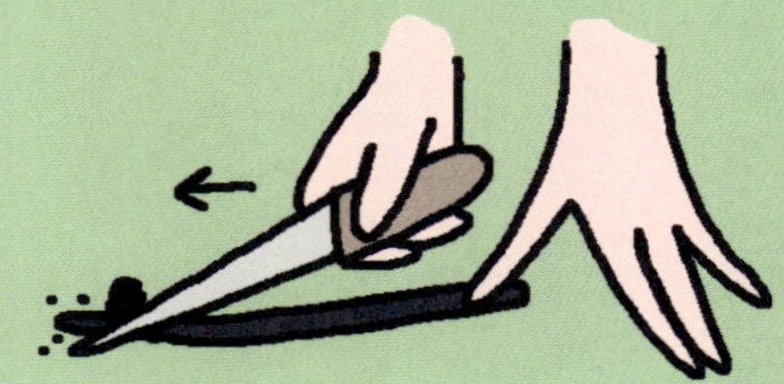

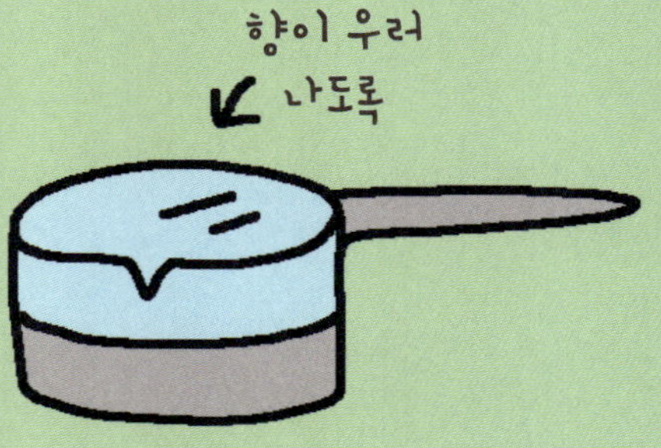

피에르 에르메의 플러스 팁

올리브를 통째로 크림에 넣으면 전체적으로 맛이 너무 짜게 되기 때문에,
작은 크기로 저며서 크림에 하나씩 하나씩 올려줍니다.

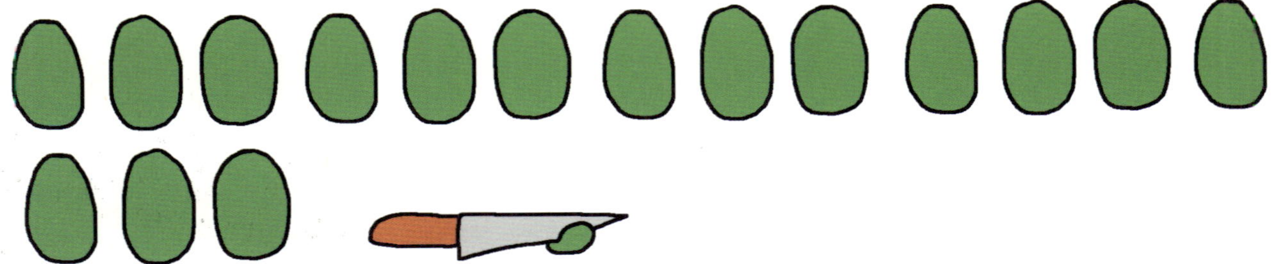

올리브 17개를 각 6조각으로 잘라 준비해주세요.

마카롱 코크가 다 구워지면 상온으로 식힌 후
뒤집어 물로 살짝 스프레이해 촉촉하게 합니다.

둥근 깍지(10호)를 끼운 짤주머니에 크림을 넣고, 코크 가운데에 동그랗게 짭니다.
올리브를 3조각씩 얹은 다음, 뚜껑을 덮고 크림이 코크 가장자리까지 오도록 살며시 누릅니다.

냉장고에 **24시간** 보관하고, 다음 날 먹습니다.

밀폐용기에 넣어 6일간 냉장 보관이 가능하며, 먹기 **2시간** 전에 미리 냉장고에서 꺼내 놓습니다.

셰프는
언제나 식욕이
왕성하시네요.
안 그렇다면
죽은 거나
다름없어요.

이스파한 Ispahan

하루 전에 준비를 시작합니다.

로즈 마카롱 비스킷 재료

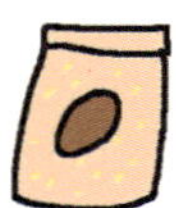
아몬드
가루
250g

슈거
파우더
250g

붉은색
(carmin)
식용색소
6방울

계란
흰자
8개분

물
65g

설탕
250g

이탈리안 머랭 재료

물
40g

설탕
125g

계란
흰자
2개분

로즈 크림 재료

계란 노른자
4개분

설탕
45g

우유
90g

버터
450g

로즈 에센스
4g

로즈 시럽
(Monin)
30g

데코레이션 재료

리치
200g

생 라즈베리
250g

글루코스
5방울

붉은 장미
꽃잎
5장

하루 전날

리치를 크기에 따라 2~3등분하여 물기를 없애고 냉장고에 보관해둡니다.

다음 날

로즈 마카롱 비스킷 만들기

우선 머랭을 만듭니다.
냄비에 물, 설탕을 넣고 온도계를 꽂은 다음 살살 저으면서 끓입니다. 온도가 121℃가 되면 시럽이 완성됩니다.

계란 흰자 4개분을 너무 빠르지 않은 속도로 거품을 올려줍니다.
시럽을 계란 흰자 믹싱볼 가장자리로 흘려 넣어준 다음, 계속해서 거품기로 **5분간** 돌립니다.

볼에 나머지 계란 흰자와 식용색소를 넣고 잘 섞어줍니다. 또 다른 볼에 아몬드가루와 체에 친 슈거파우더를 넣고
골고루 섞은 다음, 색소와 섞은 계란 흰자에 넣어 잘 혼합합니다.

시럽과 혼합해 거품 올린 흰자 머랭을 잘 식혀줍니다. 믹싱볼에 붙어 있을 정도로 거품이 올려진 상태입니다.
이것을 아몬드가루 혼합물 반죽에 넣고, 가운데서 바깥 방향으로 살살 저으며 잘 섞어줍니다.
조심스럽게 살살 혼합하여 반죽이 너무 꺼지지 않아야 달팽이 모양으로 짰을 때 모양이 보기 좋게 나온답니다.

2개의 오븐팬을 준비하여, 20cm 직경의 원을 그린 유산지를 뒤집어 깔아주세요. 원이 반투명 유산지로
비쳐 보입니다. 짤주머니에 둥근 깍지(12호)를 끼우고, 두 개의 오븐팬 위에 중간부터 달팽이 모양으로 짭니다.
손을 살짝 대어봤을 때 묻어나지 않도록, 상온에서 **2시간** 이상 건조시킵니다.

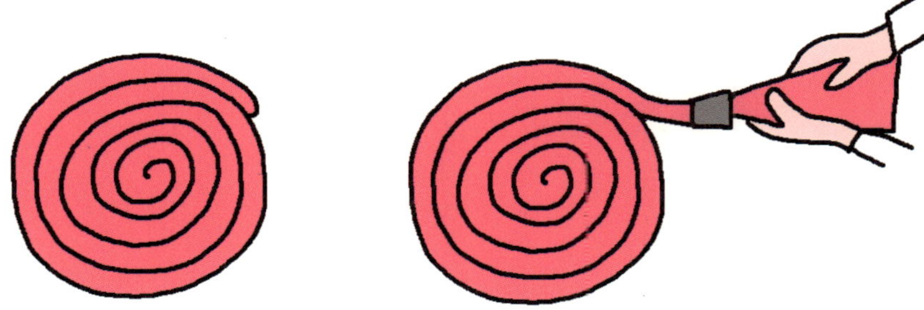

오븐에 넣어 **20~25분간** 구워줍니다. 굽는 동안, 아주 빠르게 오븐 문을 두 번 열었다 닫습니다.
계속 주의하며 지켜보세요.

오븐에서 꺼내어 상온에서 식힙니다.

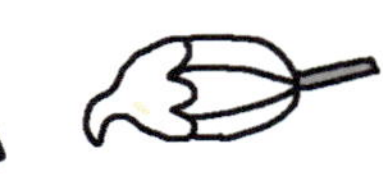

이탈리안 머랭 만들기

다시 또 시럽을 만듭니다.
냄비에 물을 넣고, 설탕을 조금씩 넣어 잘 저어 녹이고, 또 조금씩 넣고 녹이기를 계속 반복하며 시럽을 만듭니다.
끓기 시작하면 물 묻힌 브러시로 냄비 가장자리를 닦아내며, 온도가 118℃가 되면 불을 끕니다.
한편에서는 믹싱볼에 계란 흰자를 거품 내어, 거품 끝이 새부리 모양이 되어 너무 단단하지 않은 상태로
만들어줍니다. 시럽을 볼 가장자리로 조심스럽게 흘려 넣어주고, 계속 거품기로 돌리며 식힙니다.

로즈 크림 만들기

계란 노른자와 설탕을 거품기로 섞어줍니다.
냄비에 우유를 끓여 계란 노른자와 설탕 혼합물에 붓고 섞어, 다시 냄비로 옮긴 다음,
바닥에 눌어붙지 않도록 주의하며 계속해서 저어줍니다. 크렘 앙글레즈와 마찬가지로 85℃까지 데우며 익힌 다음,
얼른 불에서 내려 볼에 옮겨 붓고, 자동 믹서 거품기로 빠른 속도로 돌려 식힙니다. 용기에 담아 보관합니다.
자동 믹서의 볼에 버터를 넣고 우선 나뭇잎 모양의 혼합기로, 이어서 거품기로 세게 돌려줍니다.
여기에 식힌 크림을 넣고 잘 섞어주세요.

이탈리안 머랭을 넣고 실리콘 주걱으로 살살 돌려 섞은 다음, 로즈 에센스와 로즈 시럽을 넣습니다.

완성하기

큰 접시에 로즈 마카롱 비스킷 한 개를 뒤집어 놓고, 둥근 깍지(10호)를 끼운 짤주머니를 이용하여 로즈 크림을 달팽이 모양으로 짭니다. 가장자리는 1cm 정도 남겨두세요. 라즈베리를 가장자리에서 보이도록 왕관모양으로 빙 둘러 놓고, 또 중간과 안쪽 원을 따라서 놓아줍니다. 라즈베리 원들 사이에 리치를 얹습니다. 그다음 로즈 크림을 얇게 한 켜 더 짜 얹습니다.

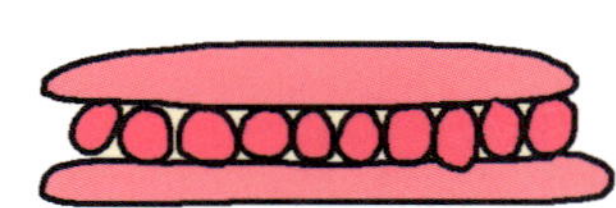

그 위에 두 번째 마카롱 비스킷을 조심스럽게 얹고 살짝 눌러줍니다.
라즈베리 3알과 붉은 장미꽃잎 5장을 얹어 장식합니다. 유산지나 플라스틱 미니콘을 이용하여
글루코스 한 방울로 꽃잎 위에 이슬을 짜 얹어주세요.

냉장고에 **하루** 보관합니다.

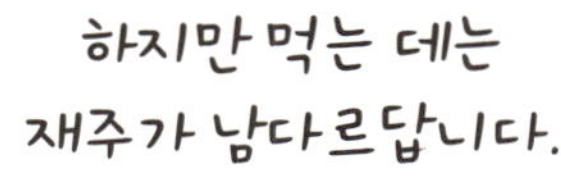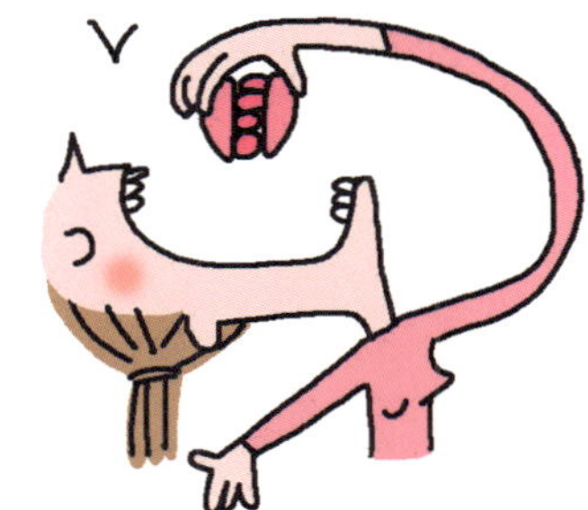

이거, 이거,
이거 주시고요.

두 개, 세 개,
이렇게는 지금 금방
먹고 갈 거예요.

도전!

피에르 셰프,
제가 항상 만드는 디저트가 있는데요,
에르메 스타일로 좀 업그레이드할
수 없을까요?
이름이 뭔데요?
"후다닥 디저트"요.
아휴…
쓰러짐…

후다닥 만든 디저트 Vite fait

준비할 재료

버터
100g

설탕
150g

밀가루
75g

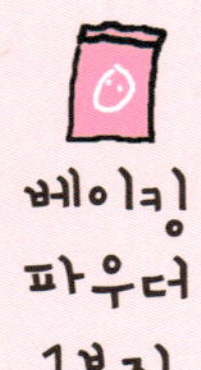
베이킹
파우더
1봉지

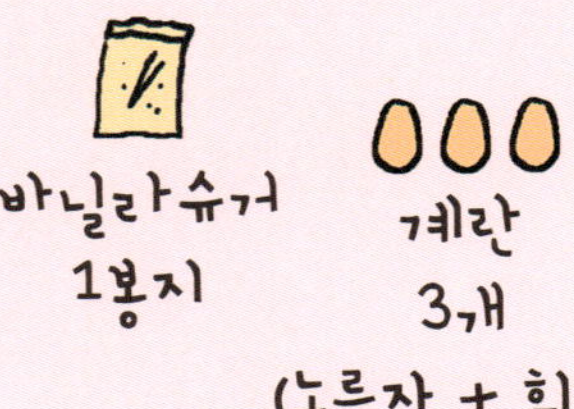
바닐라슈거
1봉지

계란
3개
(노른자 + 흰자)

바나나
1개

사과
1개

다크 초콜릿
10조각

오븐을 180℃로 예열해둡니다.

오븐에 20~25분 구워요.

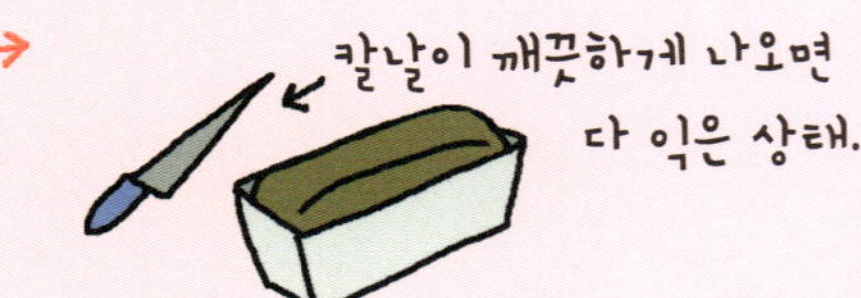

제대로 잘 만든 디저트 *Bien fait*

준비할 재료

     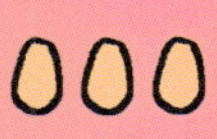 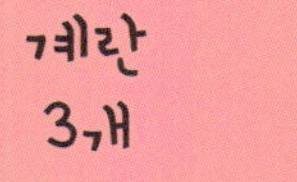

오븐을 180℃로 예열해둡니다.

믹싱볼에 조각으로 자른 버터와 설탕 분량의 1/2, 바닐라슈거를 넣습니다.

자동 믹서에 나뭇잎 모양 혼합기 핀을 꽂고, 색이 하얗게 될 때까지 돌려줍니다.

계란을 분리하여 3개의 노른자를 버터에 넣고, 계속해서 돌려 완전히 섞이도록 합니다.

다른 믹싱볼에 계란 흰자를 넣어 거품을 올리고 하얗게 변하면 나머지 분량의 설탕을
조금씩 조금씩 넣어가며 돌려줍니다. 거품 올린 흰자를 조금 덜어 위의 혼합물에 넣고
실리콘 주걱으로 살살 섞은 다음, 나머지 거품 흰자를 모두 넣어줍니다. 조심스럽게 돌리며
잘 섞은 다음, 체친 밀가루와 베이킹파우더를 넣고 살살 섞어줍니다.

케이크 틀에 버터를 바르고 밀가루를 묻혀 털어낸 다음, 준비된 반죽의 1/2을
부어줍니다. 반죽 안으로 쏙 빠져 들어가지 않게 밀가루에 미리 굴린 라즈베리,
혹은 레몬 마멀레이드를 중간에 놓아줍니다. 냉동 라즈베리는 케이크에 물기가
생기므로 사용하지 않는 게 좋아요. 나머지 반죽을 부은 다음 오븐에 넣고
35분간 구워줍니다.

칼을 집어넣어 보아 익었는지 확인합니다.
케이크가 식으면 선택한 향에 따라 라즈베리 잼이나 레몬 마멀레이드를
윗면에 발라 완성합니다.

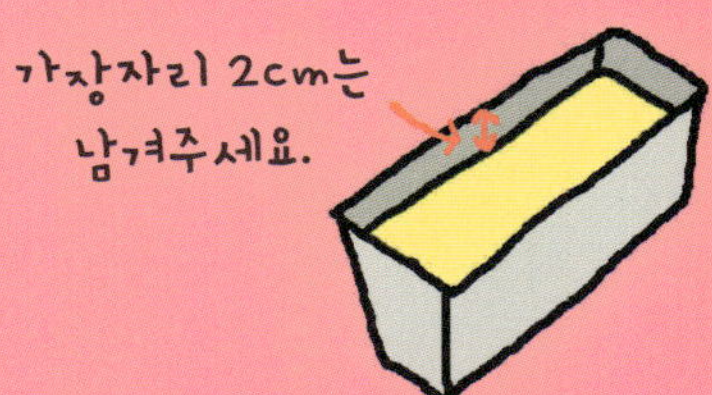

피에르 에르메의 플러스 팁

베이커리에서 파는 케이크와 비슷하게 만드느라 과정을 조금 변형했지만, 기본재료 배합은 같아요.
아주 기본 스타일의 케이크 레시피죠. 이 케이크를 반으로 잘라 그 사이에 샹티이 크림을 얹어
서빙할 수도 있어요.

124

벌써 약간
"에르메 스타일" 로
업그레이드됐네.
훨씬 더 맛있는걸.

완전 열받음

"수고 하셨
습니다" 라고
말씀 못드리
겠…

앞으로 몇 킬로를 빼야 할지…
흑!

감사, 감사, 또 감사드려요.

두 달 동안 셰프님 곁에서 레시피를 공유하게 해주시고, 맛난 케이크들을 경험하게
해주셔서 감사합니다. 비장의 노하우뿐 아니라, 오로지 저만 전담하는 파티시에 카미유(Camille
Moënne-Loccoz), 또 준비작업을 거의 다 도와주신 샤를로트(Charlotte Bruneau)까지 배정해
주시다니. 정말 제게 너무 큰 선물을 주셨어요.

제가 이 소중한 순간들을 아직도 얼마나 달콤하게 간직하고 있는지.
또 이 모든 것이 제게 얼마나 큰 행운이었는지 아마 상상하기 어려우실 거예요.

셰프님의 호의와 신뢰에 크게 감동했답니다.

솔르다드 드림

솔르다드 양 정말 감사합니다.
Charles Znaty, Camille Moënne-Loccoz, Charlotte Bruneau, Mickaël Marsollier, Agata Pudelek 그리고
Delphine Baussan에게도 감사드립니다.

피에르 에르메

찾아보기 Index

A

Ananas rôti caramélisé　캐러멜 파인애플 ···················· 54

B

Baba au rhum　바바 오 럼 ······································ 82

C

Cake Infiniment Vanille 바닐라 파운드케이크 ················ 44
Cake Ispahan　이스파한 파운드케이크 ······················ 46
Chantilly nature ou chocolat　샹티이 크림 ·················· 86
Charlotte aux poires　배 샤를로트 ·························· 76
Cheesecake Infiniment Citron　레몬 치즈케이크 ············ 36
Crème anglaise　크렘 앙글레즈 ····························· 68
Crème caramel　크렘 캬라멜 ······························· 42

D

Dattes au thé　홍차 대추 콤포트 ···························· 40

F

Flan　플랑 ··· 18

G

Gâteau au chocolat　초콜릿 케이크 ························· 50
Gâteau d'anniversaire　생일 케이크 ························ 90
Gourmandise Constellation　구르망디즈 콘스텔라시옹 ········ 69
Granola　그라놀라 ·· 88

I

Ispahan　이스파한 ··· 114

M

Macarons à l'huile d'olive　올리브오일 마카롱 ·············· 108
Macarons au caramel　캐러멜 마카롱 ······················ 104

Marmelade de citron　레몬 마멀레이드 ···················· 34
Meringue　머랭 ··· 60
Mont-Blanc à ma façon　몽블랑 ···························· 62
Montebello　몬테벨로 ··· 96
Mousse au chocolat　초콜릿 무스 ·························· 48

P

Pâte à choux　슈 페이스트리 ································· 66
Pâte brisée　쇼트 크러스트 페이스트리 ······················ 16
Pâte sucrée　슈거 페이스트리 ······························· 22
Pom, pomme, pommes　폼, 폼, 폼 ·························· 28
Pomme crue assaisonnée　프레시 애플 샐러드 ·············· 26
Pommes de 10 heures　텐 아워 애플 ······················· 24

R

Riz au lait vanillé　바닐라 라이스푸딩 ······················· 38

S

Sablés diamants　사블레 디아망 ···························· 72
Sacristains　트위스트 파이 ·································· 74
Salade de fraises et menthe　딸기 민트 샐러드 ············· 56
Salade de fruits jolie　프루츠 믹스 샐러드 ·················· 58

T

Tarte au citron　레몬 타르트 ······························· 32
Tarte aux pommes　애플 타르트 ···························· 30
Tarte fine au chocolat　초콜릿 타르트 ······················ 52
Tarte à la rhubarbe　루바브 타르트 ························ 20

V

Vite fait / Bien fait　후다닥 만든 디저트 / 제대로 잘 만든 디저트
··· 122

피에르 에르메의 프랑스 디저트 레시피 *Pierre Hermé et Moi*

1판 1쇄 발행일 2015년 1월 31일 | **1판 2쇄 발행일** 2015년 10월 15일 | **지은이** 피에르 에르메 · 솔르다드 브라비 | **옮긴이** 강현정 | **발행인** 김문영 | **펴낸곳** 이숲

등록 2008년 3월 28일 제301-2008-086호 | **주소** 서울시 중구 장충단로 8가길 2-1 | **전화** 2235-5580 | **팩스** 6442-5581

Email esoope@naver.com | **ISBN** 979-11-85967-08-0 13590 ⓒ 이숲, 2015, printed in Korea.

▶ 이 책은 저작권법에 의하여 국내에서 보호를 받는 저작물이므로 무단전재 및 복제를 금합니다.

▶ 이 도서의 국립중앙도서관 출판예정도서목록(CIP)은 서지정보유통지원시스템 홈페이지(http://seoji.nl.go.kr)와
국가자료공동목록시스템(http://www.nl.go.kr/kolisnet)에서 이용하실 수 있습니다. (CIP제어번호 :CIP2015000683)